Die Meeresbewohner sind keineswegs stumm. Ihre Sprache ist im Gegenteil so vielfältig wie unsere Sinne. Bill François lässt uns die unterseeischen Klänge hören, wo sich das Echo der Eisberge mit den Gesängen der Wale und dem Chor der Fische mischt. Er lehrt uns die Sprache der Farben und Düfte unter Wasser und erzählt vom Atlantischen Lachs, der noch in den Gewässern Grönlands den bretonischen Bach riecht, in dem er geboren wurde. Mit einer Gang von Streetfishern steigt er in den Bauch von Paris hinab, um dessen aquatische Bewohner zu treffen. Ein begnadeter Erzähler, lässt uns Bill François am gesellschaftlichen Leben der Meereswesen teilhaben, berichtet von der Kindheit der Fische, von der Fähigkeit der Buckelwale, ihr Wissen weiterzugeben, und vom Geschlechtswechsel bei den Meerjunkern. Während die Meereswelt durch den Menschen zahllosen Gefahren ausgesetzt ist, vermittelt er uns das Glück, das ein freundschaftlicher Austausch mit ihr uns finden lässt.

Bill François hat Physik an der École normale supérieure studiert und forscht über die Hydrodynamik aquatischer Organismen. Daneben hat er Kurzgeschichten geschrieben und den Rednerwettbewerb *Le Grand Oral* von France 2 gewonnen. Beide Welten, die der Wissenschaft und die des Wortes, verbindet er in seiner Leidenschaft für die Flüsse und Meere und die Lebewesen, die sie bevölkern.

Frank Sievers lebt als Übersetzer und Autor in Berlin. Regelmäßig übersetzt er für die Reihe *Naturkunden* bei Matthes & Seitz. 2017 erhielt er mit Andreas Jandl den Christoph-Martin-Wieland-Übersetzerpreis.

BILL FRANÇOIS

Die Eloquenz der Sardine

*Unglaubliche Geschichten
aus der Welt
der Flüsse und Meere*

Aus dem Französischen
von Frank Sievers

C.H.BECK

Die Originalausgabe erschien auf Französisch unter dem Titel:
Bill François, Éloquence de la sardine.
Incroyables histoires du monde sous-marin
© Librairie Arthème Fayard, 2019

Die Arbeit des Übersetzers am vorliegenden Text wurde
vom Deutschen Übersetzerfonds gefördert.

Die deutsche Ausgabe erschien zuerst 2021
in gebundener Form im Verlag C.H.Beck.

Mit 17 Zeichnungen

1. Auflage in C.H.Beck Paperback. 2023
Für die deutsche Ausgabe:
© Verlag C.H.Beck oHG, München 2021
www.chbeck.de
Zeichnungen: Bill François
Umschlaggestaltung: Rothfos & Gabler, Hamburg
Umschlagillustration: © Magrikie Berg
Satz: Fotosatz Amann, Memmingen
Druck und Bindung: Druckerei C.H.Beck, Nördlingen
Printed in Germany
ISBN 978 3 406 79811 5

myclimate
klimaneutral produziert
www.chbeck.de/nachhaltig

*Für meine Mutter,
die mir das Glück geschenkt hat,
mit Worten Welten zu erschaffen*

*Für Mickey Taylor,
der mir die Poesie der wilden Flüsse
in Bilder übersetzt hat*

*Für die Fische des Mittelmeers,
für alle anderen Fische und für all jene,
die sie gern entdecken möchten*

*Für Sie,
die Sie die Geschichten
der Fische
weitergeben*

Inhalt

Vorher	9
Fragen Sie die Fische	17
Eine Welt ohne Stille	31
Wie die Sardinen in der Büchse	45
Kleiner Fisch, ganz groß	63
Muscheln, Austern und Garnelen	83
Empfehlungen des Tages	109
Bitte … zeichne mir einen Fisch	125
Aal unter Asphalt	137
Seeschlangen	155
Das Meer ist dein Spiegel	171
Unter-Wasser-Dialoge	187
Thun Sie etwas Gutes	207
Das Ende vom Fischschwanz	223
Epilog	231

Vorher

Der Felsen war sehr hoch, weshalb ich meine Strandlatschen auszog, um beim Klettern nicht auszurutschen. Barfuß zu gehen fand ich ohnehin angenehmer: Meine Sandalen Marke «Méduse» mit ihren durchscheinenden Plastikriemen und den rostigen Schnallen bereiteten meinen Füßen mehr Qualen als eine Qualle. Außerdem verlangsamten sie im Wasser jeden meiner Schritte. Da waren mir die schroffen Felskanten viel lieber, auch wenn meine Knöchel für den Rest der Ferien mit wasserfesten Pflastern mit Disney-Figuren vollgeklebt waren.

Ich musste bis ganz nach oben. Dieser Felsvorsprung markierte das Ende des Sandstrands, auf dem die Erwachsenen, in ihre Urlaubslektüre vertieft, schliefen. Vor ihm erwartete mich das unbarmherzige «Ferienheft» zum Lernen; dahinter erstreckte sich die wilde Küste. Vom Gipfel hatte ich einen Blick über die gesamte Bucht, sah selbst die Lachen und Rinnen zwischen den Steinen. Mit jeder Welle kam und ging das Meer, einem langsamen Atmen gleich, und wenn es einatmete, wurde das Wasser glatt und durchsichtig, so dass ich sehen konnte, was sich in ihm verbarg. Der ideale Moment, um all die im Meer lebenden Wesen zu beobachten. Ich liebte es, nach ihnen zu suchen, sie beim Einatmen des Meeres zu erspähen und sie mit dem Kescher zu fangen. Aufregend fand ich sie alle: die Strandkrabben mit der Algenperücke, die durchscheinenden Garnelen, die blasenspuckenden Strandschnecken, selbst die scharlachroten Seeanemonen, die ich nicht anzufassen wagte, weil mir die Erwachsenen gesagt hatten, dass sie pieken. Die einzigen Tiere, denen ich auf gar keinen Fall begegnen wollte, waren Fische. Sie lebten weit draußen vor den Felsen, wo ich nicht mehr stehen konnte. Sie machten mir Angst. Meine Eltern brachten manchmal welche vom Markt mit nach Hause, und ich erschrak, wenn ich ihre großen runden Augen sah oder die beiden Spalte am Hinterkopf, mit denen sie aussahen, als hätte man sie geköpft. Aus Angst vor den Fischen wagte ich mich nie über die Lachen und Felsen hinaus. Das offene blaue Meer, das dahinter zu erahnen war, weckte in mir eine tiefe Furcht.

Als das Meer gerade wieder einatmete, sah ich hoch oben vom Felsen am Rande der Wellen etwas aufblitzen. Ein Leuchten, das meinen Blick magisch anzog, vielleicht ein kleiner Schatz, ein Stück Perlmutt oder ein verlorener Gegenstand. Das musste ich mir ansehen. Über die scharfkantigen Felsen stolpernd kam ich dem schimmernden Etwas näher und näher. Und ich sah meine erste Sardine.

Damals wusste ich weder, dass es eine Sardine war, noch, dass man sie nur selten so nah an der Küste antraf. Normalerweise leben Sardinen auf offener See. Diese hier hatte sich offenbar verirrt, vielleicht von Thunfischen an die Küste gejagt, was aber ähnlich selten vorkam, weil es nicht mehr viele Thunfische im Mittelmeer gab. Haben Sie schon einmal eine lebende Sardine gesehen? Nur wenige Leute wissen, wie schön sie aussieht. Die Sardine glänzte silbern und hatte einen schwarzen Rücken, über den sich wie eine Girlande eine elektrisierend blaue Linie zog. An den Seiten funkelte ein breiter goldener Streifen. Die Sardine war zugleich strahlend und zerbrechlich, wie eins dieser Spielzeuge aus Weißblech, auf die ich im Laden immer gleich zurannte, die ich aber immer nur «mit den Augen» berühren durfte. An der Art und Weise, wie sie auf der Seite liegend dahintrieb, von den Wellen drangsaliert, ahnte ich schon, dass etwas mit ihr nicht stimmte. Auch schien meine Gegenwart sie nicht zu beunruhigen, während sonst die kleinste Garnele die Flucht ergriff, sobald sie auch nur meine Schritte im Wasser spürte.

Ich hob die Sardine vorsichtig mit dem Kescher hoch und betrachtete ungläubig dieses staunenerregende Geschenk des Meeres, das sich nun in meinem Plastikeimer drehte. Die Sardine starrte mich aus ihrem schwarz-weißen Auge an; sie schien mir irgendetwas sagen zu wollen. Mir jedenfalls bedeutete ihr Schweigen, dass sie mir gern gewisse Geheimnisse anvertrauen würde – über das Leben in der blauen Welt, in der man nicht mehr stehen kann, über ihren seltsamen Alltag als Sardine. Ihr Dasein und ihre Art, das Universum wahrzunehmen, machten mich neugierig. Ich fragte mich, durch welche Landschaften und mit welchen anderen Wesen sie normalerweise schwamm und ob sie manchmal mit anderen Sardinen sprach. Plötzlich machte mir das tiefe Wasser keine Angst mehr; plötzlich lockten mich seine stillen Geheimnisse.

Damals ahnte ich noch nicht, dass mich seit dieser ersten Begegnung mit einer Sardine die Begeisterung für die Mysterien des Meeres nicht mehr loslassen würde. Dass sie mich immer weiter hinaus aufs offene Meer tragen würde, wo ich ein unterseeisches Universum entdecken sollte, dessen fesselnde Bewohner ganz und gar nicht schweigsam waren, sondern mir alle, wie sie da waren, ihre Geschichten erzählten.

Aber wie kommunizieren diese Wesen? Mit welchen Sinnen spüren sie die Welt? Ähneln ihr Leben und ihre Gefühle den unseren? Diese Rätsel wollte ich lösen, deshalb bin ich Wissenschaftler geworden. Meine zwei Forschungsgebiete, die Hydrodynamik und die Biomechanik, haben mir einen neuen Blick auf die Meereswelt sowie viele wunderbare Antworten geschenkt – und noch mehr neue Fragen.

Seitdem schwimme, fahre und tauche ich bei Tag und bei Nacht, um diese faszinierenden Lebewesen zu beobachten. Als ich mich damals aus Angst vor den Fischen nicht weiter hinauswagte, als meine Medusensandalen mich trugen, wusste ich nicht, dass ich später meine Arbeitstage damit verbringen würde, die Fische zu studieren, und meine Freizeit, ihnen nachzureisen. Ich hätte nie gedacht, dass ich einmal dem Gesang der Buckelwale lauschen, im Mittelmeer Pottwale besuchen oder Albatrosse zählen oder mit Mantarochen spielen würde ... oder dass ich mitten in der Stadt, gleich bei mir um die Ecke, noch viel außergewöhnlicheren Fischen begegnen sollte.

Wasserwärts habe ich auch Menschen getroffen, die ihr Schicksal ans Meer geknüpft haben: Wissenschaftler, die seine Geheimnisse erhellen, Fischer, die in Harmonie mit ihm leben, Ehrenamtliche, die ihre Zeit dafür opfern, es zu schützen. Ich habe mich ihren Unternehmungen angeschlossen, um die unterseeische Welt besser zu verstehen und zu ihrem Schutz beizutragen, aber auch um meinen eigenen Platz in diesem Ökosystem wiederzufinden und einen freundschaftlichen Austausch mit dem Meer zu erlernen. Diese Menschen haben mir beigebracht, wie man die Signale der Delfine liest, wie man Thunfische fängt und sich an Seerobben heranpirscht. Und ich habe von ihnen viele Geschichten erfahren, die von Menschen geschrieben oder erzählt wurden, von der Wissenschaft oder dem Zauber der Legenden beschienen und durch

Entdeckungen oder die Poesie der mündlichen Überlieferung gewürzt sind.

Was habe ich aus all diesen Geschichten gelernt?

Ich habe gelernt, dass uns die Meereswelt nicht nur ihre atemberaubende Schönheit schenkt, sondern auch eine ganz besondere Art von Wissen, vor allem über uns selbst.

Mir haben die Meeresbewohner insbesondere das Sprechen beigebracht. Die Art und Weise, wie sie kommunizieren, ein jeder Fisch in seiner Fasson, und wie sie trotz der scheinbaren Stille des Meeres Erzählungen erschaffen, hat mich die Kunst der Rede gelehrt. Dass mir diese erstaunlich redseligen Wesen ihre Geschichten anvertrauten, hat mich dazu angeregt, diese Geschichten weiterzuerzählen. Dank der Fische durfte ich Erzählungen entdecken, die ich mit diesem Buch an Sie weitergeben möchte.

Wir werden gemeinsam in die Tiefen des Ozeans und der Geschichte tauchen, in die Welt der Wissenschaft und die Welt der Legenden. Ich werde Sie mit der Geheimgesellschaft der Sardellenschwärme bekannt machen und mit Ihnen den Gesprächen der Wale lauschen. Auch werden wir einige außergewöhnliche Charaktere kennenlernen, etwa den Aal Åle, der hundertfünfzig Jahre lang in einem Brunnen gelebt hat, oder den Schiffshalter, der sich mit den Aborigines in Australien angefreundet hat. Wir werden uns den Gesang der Jakobsmuscheln und die antike Saga der Wellhornschnecken anhören, die wirklich einmalig ist. Wir werden die neusten Entdeckungen der Wissenschaft, etwa zur Immunität der Korallen oder dem Geschlechtswechsel bei Meerjunkern, unter die Lupe nehmen und uns von den alten Legenden der Seeleute in den Schlaf wiegen lassen – die oft glaubwürdiger sind als die unglaubliche Realität.

Ich hoffe, Sie werden aus der Lektüre dieses Buches auftauchen wie ich nach meinem ersten Schnorchelgang im Meer: mit dem Kopf voller Geschichten und der Lust, sie weiterzuerzählen. Und ich hoffe, Sie werden Ihren Strandurlaub oder Ihren Aquazoobesuch fortan anders erleben und Ihren Goldfisch, Ihre Meeresfrüchteplatte oder Ihr Thunfisch-Sandwich mit anderen Augen sehen.

Die Sardine warf sich in meinem Eimer hin und her und prallte gegen die blauen und rosa Seesternchen, mit denen er verziert war. Offenbar wollte sie mir sagen, dass sie gern wieder ins Meer zurück würde. Also brachte ich sie an die Stelle, an der sich die Bucht zum Meer hin öffnete und das Wasser ruhiger und tiefer war. Einen Balancierkünstler mimend, damit der Eimer nicht umkippte, kletterte ich über die Felsen bis zu einem kleinen Strand, wo ich die Sardine geschützt vor den Brandungswellen ins Wasser ließ.

Während sie sich anfangs noch zögerlich ins offene Meer hinauswagte, bedeutete sie mir, ihr zu folgen. Sie bat mich, sie zu begleiten, und hob an, mir ihre Geschichte zu erzählen.

Wie sie das gemacht hat? Dieses Geheimnis werde ich für mich behalten. Alles, was ich in diesem Buch schreibe, ist wahr, die penibel überprüften Forschungsergebnisse und die Zitate aus alten Büchern ebenso wie meine persönlichen Anekdoten und Beobachtungen, die viele Zeugen bestätigen können. Alle meine Quellen sind zuverlässig und wahrheitsgetreu. Aber dass die Sardine ansetzte, mir ihre Geschichte zu erzählen, das müssen Sie mir bitte einfach glauben.

Die Sache ist lange her, meine Erinnerung getrübt. Doch haben nicht viele schöne Geschichten einen seltsamen Anfang? Folgen wir also einfach der Sardine, wie ich es als Kind getan habe. Hören wir uns ihre Erzählungen an, die meine Sicht auf die Welt des Meeres und auf unsere eigene Welt verändert haben.

Als ich an diesem Tag vom Strand heimkehrte, verbrachte ich den Abend damit, in den Koffern in der Garage nach einer Tauchermaske und einem Schnorchel zu suchen. Ich hatte ein bisschen Angst, dass ich durch den Schnorchel Wasser schlucken oder die Maske nicht dicht halten würde, weil sie zu groß war. Als ich mir die Brille vors Gesicht drückte, wusste ich jedenfalls nicht, dass ich an der Schwelle zu einer neuen Welt stand und nie wieder vollständig auf festen Boden zurückkehren würde.

Fragen Sie die Fische

Wo wir ins Meer tauchen, um zu verstehen, was die Fische im Wasser empfinden.

Wo wir uns fragen, ob unsere Vorfahren womöglich unter Wasser das Sprechen gelernt haben.

Wo wir erfahren, dass Farben und Düfte im Meer eine eigene Sprache sind.

Wo wir entdecken, dass die Untertitel des stillen Ozeans in unsichtbaren Welten gelesen werden.

Das Schwierigste ist, die Schultern unterzutauchen. Solange mir das Wasser nur bis zu den Waden oder bis zur Hüfte geht, bin ich im Grunde noch an Land; ich kann mich an der Wärme der Sonne festhalten. Doch wenn die Schultern untertauchen, erschauere ich unweigerlich. Ich werfe mich in die feindliche Kälte und werde von ihr umhüllt. Ich stürze mich ins Wasser.

Als ich zum ersten Mal ins Meer tauchte, entriss mir die schauderhafte Kälte einen seltsamen Schrei. Da mein Gesicht von einer Tauchermaske bedeckt war, entfuhr meinem Mund nur ein raues Trompeten, das im Schnorchel steckenblieb. Mein gleichsam prähistorisches Brummen war der eigensinnige Ausdruck jenes «Ist das kalt!», das ich in dieser so schlichten wie überraschenden Situation dachte. Den Plastikschlauch im Mund, eine Plexiglasscheibe vor Augen, offenbarte sich mir urplötzlich, klar und neu, eine ansonsten verschwommene, unter den Spiegelungen der Wasserfläche verborgene Welt. Hatte man die Grenze einmal überschritten, wurde man von diesem unwirtlichen, nunmehr durchsichtigen Element sanft getragen. Ich flog, ich sah, ich atmete. Nur sprechen konnte ich nicht. Im Schnorchel wurde meine Stimme zu reinem Atmen, und die ausgestoßenen Worte verwandelten sich in dem Schlauch in animalische Rufe. Es war, als hätte ich einen stillschweigenden Pakt mit den Elementen geschlossen. Was ich dabei gewann: Ich konnte sehen, was das Meer normalerweise verbarg, ich konnte seinen Klängen lauschen und mich in der Schwerelosigkeit des Wassers wiegen. Aber ich verlor die Möglichkeit, mich mit Worten mitzuteilen.

Es war ein seltsames Gefühl, zwischen der Eroberung eines neuen Universums und der Rückkehr in den Urzustand, zu den fernen Anfängen des Menschen, als er noch keine Sprache besaß.

Wasser ist für den Menschen feindlich und einladend zugleich. Wir haben Angst, uns hineinzuwerfen, sind aber wie dafür gemacht. Unser Organismus ist erstaunlich gut darauf eingestellt, unter Wasser zu tauchen. Ein paar Spritzer kaltes Wasser ins Gesicht genügen, um den Tauchreflex auszulösen, der unseren Herzschlag prompt um fast zwanzig Prozent verlangsamt, um uns auf den Atemstillstand vorzubereiten.

Der menschliche Körper besitzt diverse Eigenschaften, die ihm unter Wasser von Vorteil sind, zu viele, als dass es purer Zufall sein kann. Deshalb haben manche Anthropologen die Hypothese aufgestellt, unsere Vorfahren hätten sich anders entwickelt als die Affen und seien zu Menschen geworden, weil sie ins Wasser gegangen seien.

Wie sonst ließe sich erklären, dass wir kein Fell mehr haben, aber dafür eine bei Primaten einzigartige subkutane Fettschicht sowie Millionen riesiger Talgdrüsen, die unsere Haut fetten, ungleich mehr als jedes andere Landtier? Diese rätselhaften und scheinbar nutzlosen Fähigkeiten unseres Körpers, die uns vom Affen unterscheiden, könnten der Anpassung an ein Leben im Wasser gedient haben. Unsere Haut ist wie bei den Meeressäugetieren glatt, das Talgdrüsenfett macht sie undurchlässig, und unsere Fettpolster schützen uns vor Kälte. Und noch etwas ist merkwürdig: Ein neugeborenes Menschenbaby besitzt bereits den Reflex, unter Wasser den Atem anzuhalten, und kann auf dem Rücken schwimmen, während ein junger Schimpanse untergehen und ertrinken würde. Als sich unsere Art vor zwei Millionen Jahren von den künftigen Schimpansen trennte, mussten unsere Vorfahren, um in der trockenen Savanne zu überleben, offenbar am Meer oder in den Sümpfen nach Nahrung suchen. So haben sie sich womöglich aufgerichtet, um tiefer im Wasser stehen zu können. Und beim Untertauchen auf der Suche nach Wurzeln, Seerosenstängeln oder Muscheln lernten sie, ihren Atem zu kontrollieren, so dass im Laufe der Evolution der Kehlkopf absank und sich Stimmbänder herausbildeten. Somit hätten wir durch das Eintauchen ins Wasser die beiden wichtigsten Fähigkeiten in unserer Evolution erlangt: die Zweibeinigkeit und die Sprache.

Wie glaubhaft ist diese Hypothese? Als sie sich in den 1960er Jahren verbreitete, provozierte sie Skepsis und Widerspruch. Dass es in unserer Evolution ein «fehlendes Bindeglied» gegeben haben könnte, ein Tier, das ausschließlich unter Wasser lebte, ist wohl eine übertriebene und auch nicht belegbare Behauptung. Aber aktuelle Untersuchungen afrikanischer Fossilien legen nahe, dass Gewässer vor eineinhalb bis zweieinhalb Millionen Jahren im Süden Afrikas eine wichtige Rolle in der Evolution des Menschen gespielt haben. Um in der Trockenzeit zu überleben, mussten die Tiere in den Oasen nach Nahrung suchen, weshalb die Anpassung ans Wasser für sie unerlässlich war. Das könnte dazu geführt haben, dass die ersten Menschen den Schutz der Wälder verließen, um sich aufs offene Land vorzuwagen und den Rest der Welt zu erobern.

Wir sind von den Bäumen gestiegen, aber das Meer haben wir nie wirklich erobert. Fragen Sie die Fische: Was wir unter Wasser sehen, ist beileibe nicht alles. Denn nur zu sehen ist längst nicht genug.

Schon bei meinen allerersten Tauchgängen auf den felsigen Meeresgrund des Mittelmeers entdeckte ich staunend das vielfältige Leben unter Wasser. Ich sah die Grellen und Geißbrassen unter Gischt und Felsen stehen und war fasziniert von diesem Schauspiel. Wie auf einer Bühne erblickte ich Bilder voller Licht und Bewegung und hörte das geheimnisvolle Brausen und Sprudeln. Dabei glaubte ich, das Schauspiel in seiner Gänze zu erleben. In Wahrheit aber sah ich nur einen Ausschnitt davon. Ich sah einen Stummfilm ohne Untertitel. Und wusste nicht, dass sich hinter den Bildern mannigfache Dialoge verbargen.

Zum Beispiel gibt es Untertitel, die in der Sprache der Düfte verfasst sind. Im Meer sind die Düfte eine eigene Sprache. Das Wasser ist voller Gerüche, die wir Menschen nicht riechen können. Wenn wir untertauchen, halten wir uns meist die Nase zu – oder die Tauchermaske macht das für uns, was ihr einen klaren Vorteil gegenüber der Taucherbrille verschafft. Denn Wasser zu schlucken, vor allem durch die Nase, ist unangenehm. Andererseits kann unsere Nase dann die Gerüche des Meeres nicht mehr wahrnehmen.

Dabei führen die Fluten unzählige Geruchsmoleküle mit sich. Die Fische können sie riechen, sie wohnen in einer Galaxie aus Düften. Fische können im Wasser feinste Nuancen unterscheiden und noch weit entfernte und schwache Gerüche erkennen. Mancher Geruch brennt sich uns ins Gedächtnis ein: ein bestimmter Ort, alte Bücher, eine Jahreszeit, eine Person. Und wenn wir ihn erneut riechen, kehren unauslöschliche Erinnerungen zurück. Das Gedächtnis der Fische ist voller solcher Erinnerungen.

Der Atlantische Lachs riecht noch in den Gewässern Grönlands den bretonischen Bach, in dem er geboren wurde, und schwimmt dessen Geruch entgegen, bis er wieder an der Mündung anlangt. Die Erinnerung indes ist jahrealt; da war der Lachs noch ein Jungfisch und stieg sommers an die Wasseroberfläche, um seine Schwimmblase zu füllen und die Abenddüfte in sich einzusaugen. Eine winzige Konzentration an Geruchsmolekülen, nur ein paar Tropfen im Ozean kommen aus diesem einen Bach und verschwimmen mit immensen Mengen von Tropfen aus unzähligen anderen Bächen und Flüssen. Aber der Lachs erkennt und findet sie immer wieder.

Außerdem rufen die Gerüche so starke Gefühle hervor, dass die Fische sie benutzen, um miteinander zu sprechen. Wo unser Auge nur Fische im Wasser schwimmen sieht, ist deren Umgebung voll von den unsichtbaren Verwirbelungen ihrer Gefühlsdüfte, der Pheromone, die ihre Stimmungen wiedergeben. Des Geruchs von Stress, von Liebe, von Hunger ... Alle diese Düfte richten sich an einen Adressaten, werden aber bisweilen auch von Nasen gerochen, für die sie nicht gedacht sind. So warnt der Angstgeruch eines kleinen Fisches seine Artgenossen vor der Gefahr, wirkt aber auch auf Raubfische appetitanregend. Die Jungfernfische, in Korallenriffs lebende farbenfrohe Tiere, kehren diesen Schwachpunkt in ihrer Kommunikation in einen Vorteil um. Wird einer von ihnen von einem Raubfisch verletzt und gefangen, so stößt er noch mehr Alarmmoleküle aus – um noch mehr Raubfische anzulocken! Und während sich die Räuber um ihre Beute zoffen, nutzt der Jungfernfisch die Verwirrung und ergreift die Flucht.

Wer den Meeresgrund mit Maske und Schnorchel erkundet, ist wie an den Himmel geheftet. Er entdeckt ein neues Universum, indem er es überfliegt. Je weiter er sich vom Ufer entfernt, umso tiefer wird das Wasser. Und je tiefer das Wasser, umso blauer wird es, bis schließlich zum fernen Grund hin alle Farben in einem einzigen Tintenton zusammenfließen. Dieses Blau wiederum verschleiert eine weitere Art von unsichtbaren Untertiteln des Meeresschauspiels: seine unsichtbaren Farben.

Das Wasser lässt die Farben verschwinden. Das von der Sonne kommende Licht enthält anfangs noch alle Wellenlängen der Farben. Doch je tiefer es ins Meer dringt, auf umso mehr Wassermoleküle trifft es, die die Farben absorbieren. Wassermoleküle gieren nach Farbe; zuerst schlucken sie die «warmen» Farben mit der größten Wellenlänge: Rot, Orange und Gelb ... In fünf Metern Tiefe gibt es schon kein Rot mehr: Alles, was rot war, zerfließt zu Blau, die wahre Farbe ist nicht mehr zu erkennen. Während das Licht weiter nach unten dringt, verliert es nach fünfzehn Metern seine gelbe Farbe und nach dreißig Metern alles Grün. Schließlich bleibt nur noch Blau. Ab sechzig Metern Tiefe ist das Meer in unseren Augen eintönig azurn. Dann verschwindet sogar das Blau, und wir sinken in die Finsternis der Tiefsee: Bei vierhundert Metern gibt es kein von der Sonne kommendes Licht mehr. Die Dunkelheit wird nur noch von lumineszierenden Lebewesen erhellt. Aber der Lichtstrahl, der ins Wasser taucht, enthält noch eine andere, unsichtbare Strahlung: die Ultraviolettstrahlung. Es sind Farben von sehr kurzer Wellenlänge, «blauer als blau», die unser Auge nicht wahrnehmen kann, weil seine Linse sie blockiert. Fische dagegen können diese Farben sehen; ihre Welt wird davon erleuchtet, wo wir Menschen nur noch Blau erblicken. Manche Landschaften und Tiere erscheinen uns unter Wasser fad; würden wir sie aber mit einem Gerät beobachten, das Ultraviolettstrahlung erkennen kann, wir würden freudestrahlend ihre bunten Muster und ihre unzähligen farbigen Flecken und Streifen bewundern.

Im Meer ist die Farbe eine eigene Sprache. Zahlreiche Arten können, um sich zu verständigen, auf Kommando schneller als ein Chamäleon die Farbe wechseln. Betrachtet man die Haut eines Fisches unter der Lupe, so sieht man verschiedenfarbige winzige Punkte. Das sind die Chromatophoren, pigmentierte Zellen, die der Fisch, sooft er will, ausdehnen und wieder schrumpfen lassen kann. Indem er nur bestimmte Chromatophoren ausdehnt, kann er selbst entscheiden, welche Färbung er hat, so als würde er sich seine Pixel selbst zusammenstellen. Und er kann sogar über das Muster entscheiden. All diese Signale verwendet er, um sich mitzuteilen und mit anderen Fischen zu sprechen. Die Kommunikation ist derart subtil, dass sie für uns großenteils noch ein Geheimnis ist. Denn die Farbe übermittelt nicht nur Informationen, sondern auch Lügen. Es gibt die wahrhaftigen Farben, etwa die Augenfarbe der Lachse, mit denen diese ihren Gemütszustand mitteilen, aber es gibt auch die Augenflecken der Goldmaid: Sie lügen, da sie die Augen von Raubfischen imitieren. Und es gibt die polarisierten Signale der Fangschreckenkrebse, die nur sie selbst entschlüsseln können und die auf ihrem

Marlin und Makrelen

Panzer wie 3D-Filme für 3D-Brillen mit Polarisatoren codiert sind.

Der Marlin besitzt Streifen, deren ultraviolette Farbe auf genau die Wellenlänge geeicht ist, mit der sich Makrelen blenden lassen. Mit den Streifen vermittelt er nicht nur seinen Artgenossen seine Stimmung, sondern versetzt auch Makrelenschwärme in Schockstarre, indem er ihnen Blendsignale sendet, die sie nicht verstehen. In ihrer Panik ballen sich die Makrelen zu dichten Kugeln zusammen, in die der Marlin dann mit seinem Schwert sticht.

Neben Farben und Düften sind auch noch andere Untertitel des Meeres in einer Sprache verfasst, die unsere Vorstellungskraft übersteigt.

Ich kann Ihnen leider nicht sagen, wie sich Wasserwirbel, Signale aus Strömung und Schwingung, für die Fische anfühlen. Nachdem der Fisch sie entlang seiner Seitenlinie wahrgenommen hat, lässt er sie hinter sich wie ein Flugzeug, das weiße Striche in die Luft zieht. Die Seitenlinie der Fische ist mit Haarzellen bedeckt, deren Zilien sich in der Strömung krümmen und diese Information an das Nervensystem weitergeben. Auf diese Weise kann der Fisch den Wasserfluss um sich herum kartografieren. Indem er all die verschiedenen Strudel und Ströme dechiffriert, kann er sich sogar in völliger Dunkelheit orientieren. Er visualisiert das Bild seiner Umgebung in Form von Wasserbewegungen, und dieses Bild überlagert wiederum die anderen, aus Farben, Klängen und Gerüchen bestehenden Bilder. Eine Lesart der Welt, die wir uns wohl nur im Traum vorstellen können.

Ich kann Ihnen leider ebenfalls nicht sagen, wie die Welt der elektrischen Felder aussieht, jenes kaum spürbare Phänomen, das manche Fische wie der Zitterrochen wahrnehmen und mit dessen Hilfe sie sich gegenseitig Signale senden. Diese Welt ist wie ein zweiter Ozean in einer anderen Dimension, in dem jedes Lebewesen eine zweite Spur hinterlässt, mit einem anderen Aussehen und einer anderen Stimme. Bricht in den Tiefen der Riffs die Nacht herein, sehen die Haie dieses Paralleluniversum und nutzen es zur Orientierung und Jagd. Wie es für sie leuchtet? Dieses Mysterium wird wohl für immer ihr stilles Geheimnis bleiben.

Andere Paralleluniversen sind reine Hypothese. So nehmen wir an, dass bestimmte Fische Magnetfelder spüren können, zum Beispiel Wanderfische. Sie nutzen diese Fähigkeit wie einen inneren Kompass zur Orientierung. Somit müssen wir wohl noch eine weitere Art von Untertiteln zum unmerklichen Schauspiel des Meeres hinzufügen. Diese Art und Weise, sich in der Umgebung zurechtzufinden, ist eine Lesart der Welt, die von den ureigenen Signalen der Erde beeinflusst wird wie von einem riesigen Magneten.

Doch sollten wir nicht neidisch sein angesichts dieser vielfältigen Gespräche, die die Meeresbewohner im Stillen führen. Denn auch wir haben eine Vielzahl an Verständigungsmöglichkeiten. Stimme, Schrift, Gesten, Bilder, Symbole, Musik ... All das sind verborgene Parallelwelten, die unsere Sinne ansprechen. Oft ärgern wir uns sogar, dass es zu viele Kommunikationswege gibt, etwa wenn jemand, den wir per SMS kontaktiert haben, per E-Mail antwortet und dann über gleich mehrere Messenger-Kanäle eine Diskussion anleitet, nur um beleidigt zu sein, wenn wir ihn am Ende anrufen.

Ganz ähnlich führen die Meeresbewohner ihre Gespräche auf tausend unsichtbaren Kanälen zugleich. So kommen ihre Geschichten auf verschiedensten Wegen in Umlauf: durch unsichtbare Farben, elektromagnetische Felder, Wasserschwingungen und Pheromone. Aber sie kommunizieren auch «im alten Stil», sozusagen per Festnetztelefon. Oder wie damals, bevor es überhaupt Telefone gab. Einfach, indem sie miteinander reden.

Also, hören wir ihnen doch einmal zu!

Eine Welt ohne Stille

Wo ferne Vulkane und unsichtbare Wale in unseren gluckernden Ohren singen.

Wo das Xylophon des Seepferdchens noch einen anderen Nutzen hat, als Punkte beim Scrabble einzubringen.

Wo die Languste Geige spielt (nur leider falsch).

Wo wir uns im Gesang der Jakobsmuscheln wiegen.

Als Sie zum ersten Mal den Kopf ins Meer getaucht haben, rauschte ein seltsames Geräusch durch Ihre Ohren. Ein Klangwirrwarr, ein Brausen und Pochen, als würde Ihre Wahrnehmung verschwimmen. Und als Sie wieder auftauchten, dachten Sie bestimmt, Sie hätten gar nichts gehört, da unsere Ohren nicht ans Hören unter Wasser angepasst sind, weshalb jene Kakophonie eine Illusion gewesen sein muss.

Tatsächlich funktionieren unsere Ohren unter Wasser

einwandfrei. Das heißt, Sie haben damals die Stimme des Meeres gehört – und seine allererste Geschichte.

Diese Geschichte ist ein Konglomerat aus sämtlichen seiner Geschichten.

Das Meer ist voller Töne. Es tönt stärker noch als die Luft, die uns umgibt. Schall ist vibrierende Materie. Und da Wasser dichter ist als Luft, kann es besser vibrieren und daher auch besser Schall transportieren. Der Schall kann tiefer ins Wasser dringen als Licht und viele Kilometer zurücklegen, ohne schwächer zu werden. Somit mischen sich in die Stimme des Meeres Töne, die aus weiter Ferne kommen und deren Urheber wir nicht sehen. Wenn wir am Strand unter Wasser tauchen, hören wir unerwartete Geräusche, die uns mit ihrem fernen Ursprung verbinden.

Dieses Gluckern, das unsere Ohren unter Wasser heimsucht, ist eine wahre Geräuschsuppe. Mannigfache Stimmen vermengen sich darin wie das zerkochte Gemüse im Eintopf. Wir erkennen einige Noten, als röchen wir ein Parfüm, dessen Düfte uns anwehen und sich wieder verflüchtigen. Wie Instrumente in einem Orchester hat jede Stimme im Meer ihre eigene Note, ihre eigene Wellenlänge, und sie singt ihre Erzählung in ihrer eigenen Tonart.

Diese verschiedenen Tonarten ergeben das verwirrende Rauschen, das unsere Ohren zu überschwemmen scheint, ohne sie indes zu ertränken. Meereskundler, die sich mit ozeanischer Akustik befassen, nennen sie das Umgebungsgeräusch des Meeres.

Hören wir also genauer hin!

Zuerst vernehmen wir die Bässe. Das Grundgeräusch unter Wasser ist tief. Es brummt und donnert, als schnarchte das Meer. Dieses Geräusch ist das stärkste, das man unter Wasser hören kann, und es ist ein Echo der Elemente – der Wellen, die sich an der Küste brechen, des Windes, der über die Wasseroberfläche fegt, aber auch der Erde und ihrer Launen. In diesem Schnarchen liegen das Bersten der Eisberge an den Polen, das Knirschen der Erdbeben am Rande der ozeanischen Rücken und das Atmen ferner Stürme.

Das tiefe, von fern kommende Rumoren dieser Naturkatastrophen erzeugt, müde von der Reise, das Grundrauschen des Meeresorchesters.

Dahinein mischt sich ein prickelndes Prasseln, ein Geräusch wie beim Schütteln einer Rassel: der Regen, der aufs Wasser trifft und Gischtblasen wirft, ein Gas-Flüssigkeits-Gemisch.

Ebenfalls zu erkennen sind lange Geigenvibratos, die sich über Dutzende Kilometer ausbreiten: das Rattern der Schiffsmotoren mit ihrem krächzenden Metall und den pfeifenden Schiffsschrauben. Seewege sind laut wie Schnellstraßen, aber auf viel weitere Entfernungen zu hören. Ein vorbeifahrendes Containerschiff macht unter Wasser genauso viel Lärm wie ein Flugzeug in der Luft, und der Schiffsverkehr produziert eine Geräuschkulisse wie auf einer belebten Autobahn.

Unter diesem Lärm gibt es manch melodiösere Koloratur, die versucht, ihn zu übertönen, nur leider vergeblich. So kann man Laute wie von Flöten oder Trompeten hören – das Echo der Walstimmen.

In dieser Musik steckt Sinn und Bedeutung; die Wissenschaft steht mit ihrer Entschlüsselung jedoch erst am Anfang. Es gibt Liebeslieder ebenso wie Wiegenlieder, mit denen die Wale ihre Kälber beruhigen, und Tischlieder, um Heringsfeste zu feiern. Manche Melodien singen die Tiere angeblich sogar aus reinem Vergnügen an der Musik.

Obwohl man den Gesang der Wale nur selten deutlich zu hören bekommt, ist er in allen Ozeanen eine bedeutende Stimme im Umgebungsgeräusch des Meeres. Denn um sich über die Weiten der Meere zu verständigen, haben Wale eine Technik entwickelt, mit der sie auf große Entfernungen hörbar sind. Sie haben sozusagen ihr eigenes unterseeisches Telefon.

Die Telefonverbindung der Wale ist schlicht, sie funktioniert über Druck und Temperatur. Das Meer besteht nämlich aus zwei Wasserschichten: dem von der Sonne erwärmten Oberflächenwasser und dem kalten tiefen Wasser. Wo diese beiden Ebenen aufeinandertreffen, an der sogenannten Thermokline, fällt die Temperatur plötzlich rapide ab; vielleicht haben Sie beim Baden im Meer schon einmal selbst eine solche «kalte Strömung» mit den Fußspitzen berührt. Je weiter man sich von der Küste entfernt, umso stärker wird das Phänomen. In ein paar Dutzend Metern Tiefe verliert das Wasser dann leicht zwanzig Grad.

Diese Grenze zwischen warmem und kaltem Wasser ist eine Art Schallfalle. Ist der Schall auf dem Weg an die Oberfläche, stößt er gegen warmes Wasser, das ihn aufgrund der höheren Temperatur beschleunigt, wodurch seine Bahn nach unten gestaucht wird; auf dem Weg nach unten prallt er auf kaltes Wasser, das ihn aufgrund des höheren Drucks beschleunigt, wodurch seine Bahn nach oben gestaucht wird. Er wird also an der Thermokline gleichsam von den Wassermassen gefangen genommen. Singen die Wale nun in genau diesem Klangkanal, am Übergang vom warmen zum kalten Wasser, breitet sich ihre Stimme, von dessen Rändern auf- und abprallend, über Tausende Kilometer in nahezu gerader Linie aus, ohne schwächer zu werden, wie Licht in einem Glasfaserkabel.

Die Finnwale im Mittelmeer nutzen offenbar dieses

Telefon, den sogenannten SOFAR-Kanal («Sound Fixing and Ranging»), um für ihre Artgenossen zu singen und sich mit ihnen zu verabreden – auf über zweitausend Kilometer Entfernung.

Wer die einzelnen Melodien des Walgesangs ganz genau hören möchte, muss sich an der richtigen Stelle befinden und Glück haben. Einige Noten davon hören wir aber immer, wenn wir den Kopf ins Meer tauchen, weil sie sich auch in das Umgebungsgeräusch des Meeres mischen. Cetologen, Walforscher, untersuchen sogar das Meeresrauschen und analysieren die einzelnen Töne, um die Größe der Populationen besonders seltener Wale zu schätzen; so können sie Tiere, die sich manchmal nicht direkt beobachten lassen, zumindest hören. Denn jede Art hat ihre eigene Stimme und wie der Funkkanal eines Radiosenders auch ihre eigene Wellenlänge, auf der sie kommuniziert.

1989 haben Hydrofone im Pazifik erstmals den Ruf des einsamsten Wals der Welt eingefangen. Er ließ den für Finnwale charakteristischen Gesang erklingen, jedoch auf einer Frequenz von 52 Hertz, der Wellenlänge des tiefsten Tons auf der Tuba. Für seine finnwalischen Artgenossen war das allerdings viel zu hoch, sie debattieren auf Frequenzen zwischen 10 und 35 Hertz. Das heißt, dieser Wal singt, spricht und ruft jahrein, jahraus nach seinen Artgenossen, ohne eine Antwort zu bekommen. Er irrt ein-

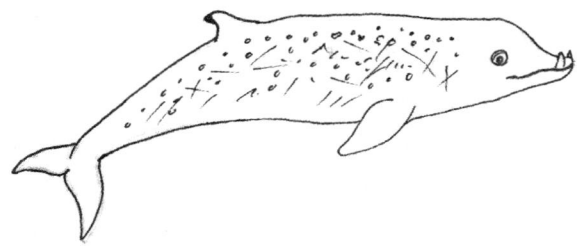

Ein Schnabelwal

sam durch die pazifischen Weiten, und nur die Unterwassermikrofone hören Jahr um Jahr seinen Ruf. Niemand weiß, woher diese seltsame Stimme kommt. Manche glauben, der Wal sei ein Hybrid aus Blau- und Finnwal, andere, er habe eine Missbildung, und wieder andere, er sei taub geboren worden, weshalb er seine Stimmhöhe nicht justieren konnte. Auch weiß niemand, ob er in der Grenzenlosigkeit des Meeres schon einmal anderen Walen begegnet ist und was dann wohl in ihm vorging, als er sie sehen, aber nicht mit ihnen sprechen konnte. Kein Mensch konnte ihn je beobachten, obwohl man jedes Jahr anhand seiner Laute seine einsame Wanderung nachverfolgen kann. Für den Menschen existiert dieser verlassene Wal nur durch seinen Gesang, der ihn ironischerweise von den Seinen trennt und den er dennoch unablässig hoffnungsvoll in die öden Weiten des Pazifiks sendet.

Im Atlantik gibt es eine ganze Art von Walen, die unerkannte Töne erzeugt, ohne dass jemals auch nur ein einziges Tier erblickt worden wäre. Eine Untersuchung der Struktur der Töne legt nahe, dass diese Zetazeen zur Familie der Schnabelwale gehören, die extrem scheu sind. An der Wasseroberfläche geben sie keinen Blas ab, und sowie ein Schiff aufkreuzt, tauchen sie stracks wieder unter. Eine seltsame Walfamilie ist das. Die wenigen Schnabelwalarten, von denen ein paar versprengte Individuen beobachtet werden konnten, haben einen langen braunen, gefleckten Körper und hauerartige Zähne. Sie jagen Tintenfische in einer Tiefe von bis zu zweitausendneunhundert Metern – der Rekord unter den Meeressäugetieren. Was wir über das Verhalten dieser zurückhaltenden Wesen wissen, verdanken wir größtenteils ihrer Stimme. Durch sie konnte der Mensch die Wale näher kennenlernen – und entdeckte sogar eine neue Art, auch wenn sie uns bislang verborgen geblieben ist! Die Weltmeere sind voller solcher Geschichten, voller solch furchtsamer Wesen, die gleichsam darauf warten, dass jemand sie aufspürt und von ihnen erzählt. In den einsamen Gesängen dieser scheuen Kreaturen sind die Wunder aufbewahrt, die sie nicht mit jedem X-Beliebigen teilen.

Aus dem Meeresrauschen erheben sich mannigfaltige Gesänge über all die tiefen Töne. Sobald man sich der Küste und den Klippen nähert, hört man einen wahren Chor mit den verschiedensten Klangfarben, Rhythmen und Stimmlagen. Das ist der Chor der Fische.

Redseliger als die Vögel im Wald, füllen die Fische die Meere mit ihrem vielfältigen Piepsen, ein jeder nach seiner Art.

Um Töne zu produzieren, bedienen sich einige Fische ihrer Schwimmblase, einer im Unterleib befindlichen gasgefüllten Tasche, dank derer sie im Wasser schweben können. Sie verwenden sie wie eine Trommel, was ungefähr so klingt wie ein Kind, das nach dem Essen auf seinem Bauch herumtrommelt ... ach, die verbotene Musik unserer Kindheit! Indem sie sich mithilfe eines speziellen Bauchmuskels auf den Bauch klopfen, können Umberfische krächzen, Barsche brummen und Knurrhähne knurren. Ihre Laute erinnern an Nebelhörner, Schlagzeugsolos oder Töne von Videospielen. Manche Fische kann man von der Küste aus hören, andere murmeln nur vor sich hin. Der Kabeljau ist geschwätziger als der Schellfisch oder der Seelachs; der Umberfisch singt tiefer als der Flussbarsch.

Die Stachelmakrele und der Gemeine Sonnenbarsch mögen besonders gern die hohen Lagen und knirschen mit den Zähnen, um kreischende Melodien zu erzeugen. Das Seepferdchen spielt Xylophon, indem es sich mit dem Knochenkamm, der an seinem Hinterkopf sitzt, am Hals kratzt, während der Katzenfisch zirpt, indem er seine Stacheln vibrieren lässt. Bei der bescheidenen Grundel, die in den von den Gezeiten hinterlassenen Wasserlachen wohnt, konnte bislang noch niemand herausfinden, dank welches hydrodynamischen Mechanismus sie ihre Liebeslieder singt; man weiß nur, dass sie einfach Luft durch ihre Kiemen bläst.

Wenn über den bevölkerungsreichsten Korallenriffs der Tag anbricht, erreicht der Chor der Fische den Soundpegel einer Cocktailbar zur Happy Hour. Das ist aber noch mau im Vergleich zur Umberfischart *Cynoscion othonopterus*, die nur im Golf von Kalifornien lebt: Wenn sich ihre Schwärme zum Laichen treffen, kommen sie leicht auf zweihundert Dezibel, dass alle Wale in der Umgebung vorübergehend ertauben.

Lauschen wir an unseren Küsten dem Rauschen des Meeres, so hören wir über all diesen Klängen ein prickelndes Geprassel wie von Schlaginstrumenten, eine Vielzahl höchst diverser Klangsplitter.

Das sind die Solisten des Meeres.

Diese Laute kommen von den Muscheln, die sich schließen, den Seeigeln, die die Felsen abgrasen, den Garnelen, die mit ihren Scheren klappern, und vielerlei anderem Getier.

Die Fangschreckenkrebse können so fest und so schnell mit ihren Scheren klappern, dass sie das Wasser in dem dadurch entstehenden Hohlraum zum Sieden bringen und einen Ton erzeugen, der wie ein Gewehrschuss klingt – der lauteste aller unterseeischen Laute.

Die Langusten dagegen vermeinen musikalischer zu sein; sie spielen mit ihren Antennen Geige. Mit demselben Reibungsmechanismus, mit dem der Geigenbogen über die Saiten streicht, reiben sie mit ihren Antennen an der Unterseite der Augen entlang. Ihr Carapax verstärkt dabei die erzeugten Laute wie ein Resonanzkasten. Langusten sind – neben musizierenden Menschen – die einzigen bekannten Wesen, die auf diese Weise Töne produzieren können. Nur spielen sie leider ziemlich schief, und der lautliche Ausdruck ihrer Launen klingt wie eine quietschende Tür. Da ist es nur folgerichtig, dass sie diesen unerträglichen Lärm dazu benutzen, ihre Feinde in die Flucht zu schlagen.

Manchmal ergibt sich aber aus all dem Geklapper und Geklirr auch ein größerer Melodiebogen. Jakobsmuscheln sind ziemliche Duckmäuser, vor allem wenn sich Kraken oder Seesterne in der Nähe aufhalten, denen sie als lukullischer Genuss gelten. Daher suchen sie permanent mit ihren blauschwarzen Augen die Umgebung ab. Sie besitzen nämlich tatsächlich Augen, was für Muscheln ein seltener Luxus ist. Nun nimmt die Jakobsmuschel beim kleinsten Verdacht Reißaus, indem sie sich blitzgeschwind immer wieder öffnet und schließt, wodurch sie aufs offene Meer hinauskatapultiert wird, wo sie auf dieselbe Art und Weise weiterschwimmt. Auch klappert sie mit ihrer Muschel, um Abwasser abzulassen, und niest, um störende

Sandkörner auszustoßen. Diese Laute sind Teil der unterseeischen Klanglandschaft der Bretagne. In der Bucht von Saint-Brieuc zum Beispiel können wir ein wahres Kastagnettenkonzert mit Husteinlagen hören. Wenn die Jakobsmuscheln diese Laute nicht von sich geben, um sich miteinander zu unterhalten, erzählen sie damit zumindest uns Menschen viel von sich. Hören wir ihren Gesang, können wir anhand der Frequenz des Geklackers bestimmen, ob das Wasser rein oder verschmutzt ist und ob viele Feinde in der Nähe sind. Die Jakobsmuscheln sagen den Meereskundlern, wie es mit dem Meer und dem Gesundheitszustand ihrer Umwelt bestellt ist. Ihr Nieskonzert offenbart den Wissenschaftlern also wenigstens einige Geheimnisse ihres befremdlichen Daseins.

Es gibt im Grundrauschen der Meere jedoch auch Geräusche, die unseren Ohren verschlossen bleiben. Da ist zum einen der Infraschall, der für uns zu tief ist: das Geräusch der Bewegung der Wassermassen, der Fische und turbulenter Strömungen. Am anderen Ende der Skala stehen die Ultraschallwellen, ein hohes Gemurmel: die klickende Echoortung der Delfine oder das Geräusch der thermischen Bewegung der einzelnen Wassermoleküle. Hier stoßen wir an die Grenze dessen, wie wir Schall definieren. Denn dieses thermische Geräusch wird von Teilchen gerade jener

Materie erzeugt, die den Schall eigentlich transportieren soll. Man könnte dieses Geräusch somit fast als theoretischen Ton bezeichnen, und gewiss ist es der intimste und geheimnisvollste des gesamten Ozeans. Er ist das Geräusch des Wassers – aber nicht seiner Bewegungen oder Bewohner oder Strömungen, sondern seiner Moleküle, seiner Materie, seines eigenen Daseins. Man kann sich diese Musik nur schwer vorstellen. Was kann das Wasser uns sagen, wie klingt seine Stimme? Die Wissenschaft erklärt uns, dass es ein weißes, vollkommen chaotisches Geräusch sei, sehr schrill und von daher auch sehr laut. Aber ich fürchte, dadurch bekommen wir in unserer Vorstellung leider auch kein klareres Bild.

Delfine können dieses Urgeräusch tatsächlich hören, es mischt sich für sie in das Grundrauschen des Meeres. Aus ihrer Perspektive ist es vor allem ein Störgeräusch, das die Signale ihrer Echoortung beeinträchtigt. Aber wer weiß, vielleicht entziffern auch sie eines Tages in diesem nebligen Gesang ozeanische Geheimnisse.

Das Umgebungsgeräusch des Meeres ist ein Amalgam aus Tönen, in dem die Stimmen Tausender unsichtbarer Wesen aufgehen, die uns ihre Geschichten erzählen. Der Sturm und das Wassermolekül, der Blauwal und die Garnele, alle fügen dem Konzert einen Takt hinzu, werfen eine Handvoll Noten ins Gemenge.

Die Wissenschaft oder auch unsere Fantasie können

diesem großen Tönen vielleicht Sinn geben und diesen so wirren wie wunderbaren Traum interpretieren. Was für ein Freudentaumel, wenn wir uns vorstellen, dass all diese Unterwasserstimmen durch das Gurgeln und Gluckern in unseren Ohren hindurch zu uns sprechen! Dass wir das Echo all dieser Geschichten hören!

Es ist ein Glück, sie zu hören, ein Wunder, ihnen zu lauschen.

Lassen Sie uns also gemeinsam einige dieser verborgenen Geschichten entdecken.

Wie die Sardinen in der Büchse

Wo die Sardine zum Spiegel des Ozeans wird.
Wo Heringe nur mit Pupsen einen ganzen Roman schreiben.
Wo der Gemeine Putzerfisch Gratisrasuren anbietet.
Wo unsere Identität wie bei den Korallen verschwimmt.

Bevor man einen Sardinenschwarm im Wasser erkennt, sieht man zunächst nichts als kurz aufflackernde Lichtblitze, die der Sonne flüchtige Strahlen entreißen. Denn Sardinen können sich sogar in großer Zahl und aus nächster Nähe unsichtbar machen. Ihr Rücken ist blau wie das Meer, so dass man sie von oben nicht sehen kann. Von unten betrachtet, verschwindet ihr perlmuttfarbener Bauch im Licht des Himmels. Schaut man aber von der Seite, sind ihre Flanken wie ein Spiegel. So spiegeln die Sardinen im Wasser die Farbe ihrer Umgebung und werden zum reinblauen Widerschein, zum Inbild ihres Umfelds, das mit der Meerlandschaft verschmilzt.

Einen solch silbrigen Schein haben viele Fischarten an sich, er verdankt sich dem sogenannten *stratum argenteum*, einer Hautschicht unter den durchsichtigen Schuppen. Dabei ist diese glänzende Haut weit mehr als nur ein Spiegel. Sie reflektiert das Licht besser als das beste Spiegelglas. Bei reflektierenden Materialien wie Metallen, Spiegeln oder Glasscheiben wird das Licht je nach Einfallswinkel mehr oder weniger stark zurückgeworfen; auch wird es nicht in alle Richtungen gleich stark reflektiert. Das liegt an einer grundlegenden unsichtbaren Eigenschaft des Lichts, an seiner Polarisation. Ein von einem Material reflektierter Lichtstrahl wird polarisiert, das heißt, sein elektrisches Feld schwingt in bestimmte Richtungen, die von den Schwingungen der Elektronen des reflektierenden Materials abhängen. Der Lichtstrahl kann also nur reflektiert werden, wenn er in einem bestimmten Winkel auf die Oberfläche trifft. Infolgedessen hat jeder reflektierende Gegenstand unregelmäßige Spiegelungen, so dass er sich von seiner Umgebung abhebt. Er schimmert eben nur an bestimmten Stellen. In den Filtern polarisierender Sonnenbrillen verschwinden diese Spiegelungen polarisierten Lichts, und genau aus diesem Grund reflektieren diese Brillen nicht.

Bei den Spiegelungen des Lichts auf der Haut der Sardinen verhält es sich jedoch anders. Deren Haut besteht aus reflektierenden Guaninkristallen in zwei verschiedenen Formen, die das Licht in unterschiedlichen Winkeln polarisieren. Das Licht wird also unabhängig von der Richtung, aus der es kommt, vom einen oder anderen Kristall des *stratum argenteum* vollständig reflektiert. Die Sardine ist somit ein vollkommener Spiegel, der das Licht aus jedem beliebigen Winkel gleichmäßig reflektiert, so dass sie mit der Welt, die ihre Haut widerspiegelt, verschmilzt. Das Meer und seine Spiegelung auf der Haut der Sardine sind ununterscheidbar.

Über ihrer silbrigen Haut tragen Sardinen wie die meisten Fische Schuppen zu ihrem Schutz. Die Schuppe ist die Geschichte des Fisches. Schuppen bestehen aus konzentrischen Ringen, die ähnlich den Jahresringen eines Baumstamms das Wachstum des Fisches anzeigen. Jeder Ring stellt eine Episode in seinem Leben dar. Enge Ringe stehen für einen harten Winter, weite Ringe für schnelles Wachstum in einem gedeihlichen Sommer. Manche Ringe sind Erinnerungen an eine Laichsaison oder bei Wanderfischen ans Überschreiten der Grenze vom Meer zum Süßwasser. Jeder Fisch trägt damit auf seinen Schuppen ein Resümee seines Lebens. Wird eine Schuppe abgerissen, wächst eine neue nach; sie fängt bei null an, zeichnet die Geschichte nach und schreibt dann weiter an der Zukunft des Fisches.

Wenn Sie schon einmal aufmerksam eine Sardine be-

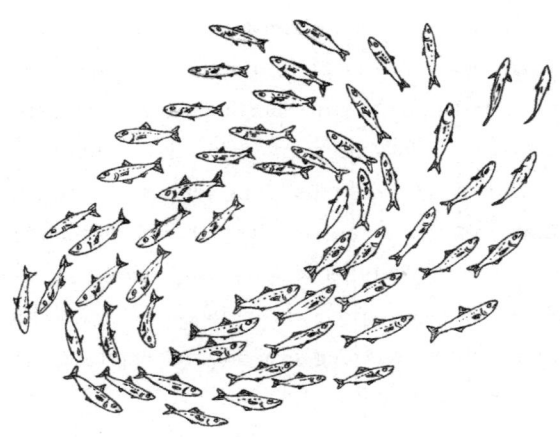

Ein Sardinenschwarm

trachtet haben, werden Sie bemerkt haben, dass sie nicht gleichmäßig silbern ist. Oft hat sie am Hinterkopf und entlang der Flanken eine Reihe zartschwarzer Flecken. Diese winzig kleinen Punkte dienen den Sardinen eines Schwarms als Zeichen, anhand derer sie sich schneller untereinander erkennen und ihre Schwimmbewegungen koordinieren können. Die Sardinendichte in einem Schwarm liegt bei etwa fünfzehn Fischen pro Kubikmeter. Gemessen an der Größe der Tiere ist sie damit vier Mal größer als die Dichte an Menschen in einer U-Bahn zur Hauptverkehrszeit. Trotzdem schwimmt im Gegensatz zu U-Bahn fahrenden Menschen nie eine Sardine gegen den Strom, stößt ihre Nachbarn an oder verursacht Chaos oder Stau.

Alle Sardinen halten respektvoll Abstand zueinander und bewegen sich in angemessenem Tempo, ohne dass sie dazu miteinander sprechen müssten.

Ihre Geschwindigkeit passt die Sardine ihren nächsten Nachbarn an, indem sie sie einfach nur beobachtet und den von ihnen erzeugten Strömungen lauscht. Sardinen beherrschen die Kunst der Rede in Perfektion. Mit einer Geste ist alles gesagt, mit einem Blick alles verstanden. Mithilfe schlichter Interaktionen zwischen benachbarten Fischen organisiert sich der gesamte Schwarm, ohne dass es eines Dirigenten oder einer höheren Ordnung bedarf. So schwimmen Millionen Sardinen in perfekter Synchronizität, automatisch nebeneinander oder versetzt angeordnet: ein Wasserballett sich wandelnder, filigran komplexer Formen. Unzählige Fische, so viele wie die Bevölkerung eines ganzen Landes, bewegen sich wie ein einziges Wesen und treffen gemeinsam im Einklang Entscheidungen. Wollen wir mit unserer Familie oder ein paar Freunden ein Reiseziel oder auch nur ein Restaurant aussuchen, wird oft erst einmal ausgiebig diskutiert, und es geht hin und her. In einem Schwarm aus Millionen Sardinen fallen alle Entscheidungen ganz von allein.

Kommt ein Raubfisch angeschwommen, wendet der Schwarm eine List an und spaltet sich in zwei Gruppen, wodurch er zum schwimmenden Springbrunnen wird, der den Angreifer verwirrt. Gelangen Ruderfußkrebse, die planktonische Beute der Sardinen, in die Nähe eines

Schwarms, so hat dieser immer die optimale Strategie parat, damit alle Mitglieder genug zu fressen bekommen. Er kann sich entscheiden, seine Ordnung aufzugeben, damit jede Sardine einzeln vom Festmahl schlemmen kann, er kann aber auch im Gegenteil in einer Reihe auf die Beute zuschwimmen, um sie in systematischer Effizienz zu verschlingen. Aus der Summe vieler kleiner Handlungen einzelner Sardinen ergibt sich eine gemeinsame Strategie, eine Schwarmintelligenz. Es ist eine großartige Form der Demokratie: Ohne einen Anführer oder eine tonangebende Gruppe, ohne Befehle von oben stimmen sich alle Sardinen im Schwarm miteinander ab und ziehen gemeinsam an einem Strang, selbst wenn dieser Schwarm Dutzende Kilometer lang ist.

Heringe, nahe Verwandte der Sardinen, leben ebenfalls in Schwärmen, haben aber weniger gute Manieren. Wenn sie abends zum Schlafen in Gruppen zusammenfinden, haben sie ihre ganz eigene Art, sich im Dunkeln zu unterhalten und sich nicht aus den Augen zu verlieren. Eine ziemlich unhöfliche Art. Einmal hätte sie sogar fast einen Krieg ausgelöst.

1982, ein Jahr nachdem ein russisches U-Boot bei Stockholm gestrandet war, erreichte die Angst der schwedischen Marine vor einer sowjetischen Invasion angesichts der angespannten Lage gegen Ende des Kalten Krieges ihren Höhepunkt. In der Presse war allenthalben von Anzeichen für eine unmittelbar bevorstehende Invasion die Rede. Da entdeckten die «goldenen Ohren» der schwedischen Marine – die Deckoffiziere, die die von Sonargeräten empfangenen Geräusche analysieren – ein unbekanntes und unerklärliches Tonsignal. Dieses «typische Geräusch» trat im selben Frequenzbereich auf wie das Geräusch von Schiffsrotoren.

Da der Generalstab meinte, einem Hinterhalt russischer U-Boote aufzusitzen, schickte er seine Leute auf Erkundung. Es wurden U-Boote mobilisiert, um Funkkontakt mit dem vermuteten Urheber des Geräusches aufzunehmen oder ihn per Sonar aufzuspüren. Aber vergebens. In der Überzeugung, es mit einem Feind zu tun zu haben, der über hoch leistungsfähige Tarntechnologien verfüge, schickten die Schweden Kampfflugzeuge und Kriegsschiffe in das Gebiet, um es einen Monat lang flächendeckend zu überwachen. Alle Einheiten berichteten von denselben Beobachtungen. Überall, wo sie das Signal empfingen, stiegen Luftblasen an die Wasseroberfläche; nur das U-Boot fanden sie nicht. Schon stand Schweden an der Schwelle eines diplomatischen Zwischenfalls mit der UdSSR, die natürlich bestritt, mit U-Booten durch baltische Gewässer zu fahren.

In den nächsten Monaten und Jahren wurde die Akte der «typischen Geräusche» mehrmals wieder hervorgeholt. Wann immer die Geräusche erneut auftauchten, versuchten Militär und Diplomatie vergeblich, die Situation zu klären und zu beruhigen. Für die schwedische Marine war es ein veritabler Affront, mit welcher Chuzpe und Cleverness die russischen U-Boote sie an der Nase herumführten. Trotz aller militärischen Bemühungen verbreiteten die beunruhigenden Geräusche weiterhin Panik und Schrecken bei Sonarempfängern wie Diplomaten – und das noch lange nach dem Niedergang der Sowjetunion. 1994 beendete die schwedische Regierung entnervt das ewige Ratespiel. Premierminister Carl Bildt schrieb einen Brief an den russischen Präsidenten Boris Jelzin, in dem er ihm vorwarf, die Bewegungen seiner U-Boot-Flotte nicht unter Kontrolle zu haben. Natürlich wies Jelzin alle Vorwürfe von sich.

Erst 1996 ließ die schwedische Armee die unter militärischer Geheimhaltungspflicht stehenden Geräusche von Zivilisten untersuchen: Vielleicht konnte Professor Magnus Wahlberg mit seinem Team von Bioakustikern herausfinden, worum es sich handelte. Und tatsächlich konnten die Wissenschaftler, als sie die «typischen Geräusche» analysierten, den Schuldigen ausfindig machen. Es war kein russisches U-Boot, sondern ein Heringsschwarm.

Wenn Heringe am Abend zusammenkommen, halten sie ein ungewöhnliches Schwätzchen: Sie sprechen miteinander, indem sie ... pupsen!

Ihre Schwimmblase, mit der sie unter Wasser das

Gleichgewicht halten, verfügt über ein kompliziertes Rohrleitungssystem, in dem Gas produziert und dann auf natürlichem Weg ausgeschieden wird. Dieses Pupskonzert transportiert offenbar durch rhythmisch wiederholte Schallimpulse, die alle 32 bis 133 Millisekunden gesendet werden, komplexe Informationen. Die Fische kommunizieren in einem Frequenzbereich, den ihre Feinde nicht wahrnehmen können – mit Ausnahme der schwedischen Marine. Zudem erzeugen die Flatulenzen einen poetischen Blasenvorhang rund um den Heringsschwarm, der dafür sorgt, dass die Fische im Dunklen beisammenbleiben: Die zwischen Herings- und Abendschimmer aufsteigenden Luftperlen sind ein wunderbar harmonisches Schauspiel, deutlich friedfertiger als der Krieg, den sie in Nordeuropa beinahe ausgelöst hätten.

Fischgemeinschaften beschränken sich aber nicht auf homogene Schwärme von Sardinen oder Heringen. Im Meer knüpfen unterschiedlichste Fischarten soziale Bande und erfinden trotz ihrer Verschiedenartigkeit Sprachen, in denen sie sich verständigen können.

Wenn über den Korallenriffs die Dämmerung hereinbricht, gehen Zackenbarsche und Muränen gemeinsam auf die Jagd. Ihre Kooperation ähnelt dabei der Fabel «Der Fuchs und der Storch». Der fuchsäugige Zackenbarsch kann in offenen Gewässern rasant Fahrt aufnehmen, ist aber nicht sehr wendig, während die Muräne ihrer Beute bis in die kleinsten Ritzen nachstellen kann, aber durch ihre Langsamkeit und ihren trüben Blick beeinträchtigt wird. Bekommt der Barsch Hunger, besucht er also seine Nachbarin Frau Muräne und gibt ihr mit den Flossen ein Zeichen, worauf die beiden Seite an Seite losziehen, um den kleinen Fischen im Riff nachzustellen. Sobald der Barsch ein Opfer aufspürt, macht er die Muräne darauf aufmerksam und stellt sich in die Senkrechte. Daraufhin gleitet die Muräne in die Koralle, um die Beute aufzuspüren. Der verfolgte Fisch kann weder ins offene Gewässer entfliehen noch in den Einbuchtungen der Koralle Zuflucht finden; er hat nur die Wahl, welcher der beiden Räuber ihn verschlingt.

Die Gemeinschaftsarbeit kennt jedoch auch Grenzen, die der Appetit der beiden Kameraden ihr setzt: Wer die Beute als Erster fängt, der frisst sie auch; die Arbeit wird geteilt, der Lohn dagegen nicht.

Wer sich im Mittelmeer ein wenig näher an die Felsen heranwagt, kann manchmal verschiedene Fischarten dabei beobachten, wie sie starr und unbeweglich in der Senkrechten stehen und merkwürdig mit den Flossen schlagen. Ich brauchte einige Tage, bis ich die Geduld aufbrachte, die ganze Szene zu beobachten. Da begriff ich, dass die Fische in einer Putzerstation stehen und auf den Schwarzschwanz-Lippfisch warten, um sich von ihm putzen zu lassen. Dieser kleine, schwarz-lila schillernde Fisch befreit andere Fische von Parasiten, abgestorbener Haut und Essensresten, wovon er sich wiederum ernährt. Stellt sich ein Fisch senkrecht vor den Felsen des Lippfisches, zeigt er damit an, dass er sich gern einer Behandlung unterziehen würde, und wenn er die Flossen aufstellt, darf der Lippfisch seine Arbeit auch in den empfindlichen, lebenswichtigen Regionen wie etwa den Kiemen tun. Die Putzerstation ist für die Fische ein Ort der Begegnung wie für uns Menschen der Frisiersalon. Man kommt in friedlicher Absicht: Selbst die größten Raubfische greifen in diesem Ruheraum weder die Putzer noch ihre Beutetiere an. Vor dem Felsen des Putzerfisches bilden sich sogar oft lange Schlangen.

Rund um den Globus gibt es viele verschiedene Arten von Putzerfischen. In den Tropen haben Putzerlippfische sogar eine eigene Verkaufsstrategie entwickelt. Sie können Stammgäste von Neukunden unterscheiden. Um ihre Kundschaft an sich zu binden, geben sie Neuankömmlingen und Fischen, die sie schon lange nicht mehr geputzt haben, in der Schlange den Vorrang. Auf diese Weise mehren sie ihre Stammkunden. So mancher menschliche Dienstleister könnte viel von ihnen lernen.

Doch wie in allen Berufen gibt es auch bei den Putzerfischen Gauner und Trickbetrüger. In den Riffs im westlichen Indischen Ozean hat sich evolutionsbedingt der Falsche Putzerfisch entwickelt, der dem Gemeinen Putzerlippfisch täuschend ähnlich sieht. Dieser Säbelzahn-Schleimfisch hat sich in dasselbe blaue Gewand mit schwarzen Streifen gekleidet wie der echte Putzer. Nur putzen tut er nicht, ganz im Gegenteil: Der Aufschneider reißt seinen unseligen Kunden Haut- und Flossenstücke aus und frisst sie auf. In den Gegenden, in denen der Falsche Putzerfisch sein Unwesen treibt, sind die Fische höchst misstrauisch gegenüber Putzern, die sich wiederum umso eifriger um ihre Klientel bemühen.

Die Ozeane beherbergen eine riesige Gemeinschaft von Meeresbewohnern, die unseren Städten an Vielfalt und Komplexität in nichts nachsteht. Die unterschiedlichsten Lebewesen leben im Meer zusammen und erfüllen die verschiedensten Rollen. Oft hängt dabei das Überleben einer Art von der Hilfe mehrerer anderer Arten ab.

Am besten lässt sich diese gegenseitige Unterstützung an der Koralle zeigen, die häufig die Architektin und Baumeisterin dieser Gemeinschaften ist. Eine Koralle ist das Ergebnis einer engen Partnerschaft zwischen Tier, Pflanze und Mineral. Ein Korallenzweig besteht aus einer Vielzahl kleiner Tierchen, den Polypen, die wie winzige Seerosen aussehen und in einer Kolonie leben. Sie bilden mit ihrem mineralisierten Skelett den Kalk der Koralle, dem sich der weiße Sand der Tropen verdankt. Diese winzigen Nesseltiere haben drei Nahrungsquellen. Sie können mit ihren kleinen Tentakeln nach Plankton greifen, die Polypen benachbarter Korallen verspeisen, indem sie ihren Magen über sie werfen, oder ihre – etwas friedvollere – Lieblingstechnik anwenden: die Gärtnerei. Korallenpolypen haben in ihrem Körper einen ganzen Garten mit Zooxanthellen angelegt, das sind mikroskopisch kleine, einzellige Algen. Als Dank für die sonnendurchflutete Unterkunft, die ihnen die Fotosynthese erleichtert, und für die Kost in Form stickstoffhaltiger Abfallprodukte liefern die Algen dem Polypen Sauerstoff und ebenfalls Nahrung. Diese Symbiose zwischen Pflanze und Tier sorgt dafür, dass Korallenriffs wachsen können.

Korallen entwickeln aber noch mehr symbiotische Beziehungen. Erst vor Kurzem hat die Meeresbiologie entdeckt, dass sie Fusionsbeziehungen zu diversen anderen Lebewesen führen, die für sie lebensnotwendig sind. Zum Beispiel können sich Korallen gegen Krankheiten schützen. Wenn sie einmal eine bestimmte Infektion gehabt haben, werden sie dagegen im Laufe der Zeit immer widerstandsfähiger, bis sie schließlich immun sind. Polypen besitzen jedoch keine Antikörper und kein Immunsystem wie wir Menschen. Die aktuellste Hypothese zu dieser Resistenz gegenüber Krankheiten besagt, Korallen seien probiotisch: Ihr immunologisches Gedächtnis besteht aus einer Population verschiedener Bakterien, die der Polyp beherbergt, wie bei unserer Darmflora. Diese Bakterien leben in Symbiose mit dem Polypen und verteidigen ihn gegenüber Krankheitserregern von außen. Sie können sich an diese Erreger «erinnern», so dass sie sich effektiver gegen deren Angriffe wehren können.

Im April 2019 wurden dank genomischer und mikroskopischer Untersuchungen weitere Bewohner der Korallenpolypen entdeckt, die man bis dahin nicht beobachtet hatte: die Korallikoiden. Welche Rolle sie spielen, ist noch nicht bekannt, aber bereits Gegenstand von Spekulationen. Sie befinden sich bei siebzig Prozent aller Korallenarten in der Magenhöhle der Polypen und gehören zur Familie der *Apicomplexa*, zu der vor allem furchterregende Parasiten wie die Auslöser von Malaria oder Toxoplasmose zählen. Doch im Gegensatz zu ihren Anverwandten scheinen die Korallikoiden in gutem Einvernehmen mit den Korallen zu leben und besitzen die notwendigen Gene, um Chlorophyll zu produzieren, auch wenn sie keine Fotosynthese betreiben. Damit stehen sie in der Evolution auf halbem Weg zwischen Parasit und Pflanze. Dieses mysteriöse Zusammenleben offenbart uns ein bislang verborgenes Puzzlestück im Leben der Korallen – ein Zeichen der Verbundenheit, eine neue Freundschaft, mikroskopisch klein wie ein winziges Rädchen im Getriebe des großen Meeres.

Korallenpolypen sind also beileibe keine Einzelwesen, sondern untrennbar mit anderen, teils winzig kleinen Lebewesen verbunden, die symbiotisch in ihnen leben. Dank dieser Fusion konnten sie die unglaublichsten Meeresstädte errichten, welche selbst vom Weltall aus zu sehen sind: Koralleninseln wie das Great Barrier Reef, in denen andere Lebewesen von der Garnele bis zum großen Hai hochkomplexe Gemeinschaften bilden.

Wir Menschen haben weder Tentakeln noch ein kalkhaltiges Exoskelett, aber unterscheiden wir uns deshalb sehr von den Korallen? Auch wir leben in komplexen Gesellschaften, in denen jedes einzelne Glied von den anderen abhängig ist. Unsere Kulturen und Städte gründen auf dem Prinzip der gegenseitigen Unterstützung, was man gern vergisst in einer Zeit, da der Individualismus zum höchsten Ideal erhoben worden ist. Dabei gleicht sogar unser Körper wie auch der Körper vieler anderer Tiere den Korallen: Er beherbergt riesige Kolonien mikroskopisch kleiner Lebewesen, die kein *Homo sapiens* sind, deren Schicksal aber untrennbar mit unserem verbunden ist. Unser Körper ist voller Bakterien, vom Mund über das Verdauungssystem bis hin zu den Fußsohlen, und alle diese Bakterien sind für uns lebensnotwendig. Der menschliche Körper enthält schätzungsweise drei bis zehn Mal so viele nichtmenschliche wie menschliche Zellen. Wenn wir uns diese Zahl vor Augen führen, kommen wir unweigerlich zur

Frage nach unserer Identität. Ein Mensch ist eine große Gemeinschaft – in jeder Hinsicht. Sind nicht auch unsere Ideen und unsere Sprache eine Art Ökosystem, das aus Worten und Begriffen anderer besteht? All die Ausdrücke, die wir von anderen Menschen übernommen haben, all die Ideen, die uns geschenkt wurden und die in uns weiterleben ... Die Geschichten der anderen bilden eine Symbiose mit unserer eigenen Geschichte. In unserer Identität begegnen sich Worte und Dasein der anderen wie in einem großen Korallenriff.

Im Mittelmeer kann man auf den Felsen die Vielfarbigen Solitärkorallen und die Weichkorallen mit ihren großen weichen Blüten beobachten; sie sind weniger farbenfroh als in den Tropen, aber sie erzählen nicht minder faszinierende Geschichten. In diesem Meer wurden einem griechischen Mythos zufolge die Korallen geboren, als der Held Perseus gegen die fürchterliche Medusa kämpfte. Sie war eine von drei Schwestern, den Gorgonen, deren Haar aus Schlangen bestand und die jeden, der sie ansah, zu Stein erstarren ließen. Niemand weiß, ob Perseus vom *stratum argenteum* der Sardinen auf die Idee gebracht wurde, einen Spiegel zu benutzen, um seiner Gegnerin nicht ins Gesicht sehen zu müssen. Womöglich verlor das Licht seine versteinernde Zauberkraft, als es durch die Reflexion polarisiert wurde ... Jedenfalls gelang es Perseus dank dieses Tricks, Medusa zu enthaupten. Und während er noch seinen Sieg genoss, floss das Blut der Medusa auf eine Alge am Ufer, die sogleich versteinerte und zur Koralle wurde.

So haben die griechischen Dichter in ihrem Mythos nichtsahnend bereits die Symbiose der Korallen aus Algen, Felsen und polypenartigem Getier vorausgedeutet. Mehr noch: Während sie sich vorstellten, dass die Korallen aus der Medusa entstanden – was der wissenschaftliche Name der Qualle ist –, wissen wir heute, dass Quallen und Korallen ein und derselben Familie der Nesseltiere angehören. Obwohl sie sehr unterschiedlich aussehen, sind sie doch eng miteinander verwandt; ihre anatomische Funktionsweise ist identisch, und sie können sich sogar in das jeweils andere Tier verwandeln! Ja, tatsächlich, die allermeisten Quallen besitzen die Fähigkeit, sich an einen Felsen zu heften und zu einem Polypen zu werden. Umgekehrt können die meisten Polypen quallenhaft frei im Wasser leben – mit Ausnahme einiger bauender Korallen, bei denen nur die Larve dazu in der Lage ist. Die anderen beiden, im Schatten der Medusa stehenden Gorgonen aber haben ihren Namen einer in der Tiefsee lebenden Ordnung von Korallen verliehen, den Gorgonien, die zum Wachsen kein Licht benötigen.

Quallen sind manchem Badenden ein Gräuel und ein guter Grund, lieber im Sand liegen zu bleiben und sich zu bräunen... Aber ich erinnere mich, als ich das Tauchen für mich entdeckte, fand ich sie so faszinierend, dass mich nichts aus dem Wasser locken konnte. Ich blieb, bis es dämmerte und mir im Wasser kalt wurde. Im Handtuch schlotternd, träumte ich schon davon, wieder hineinzutauchen und den Geschichten dieser Meeresbewohner zu lauschen.

Leider, leider ging unweigerlich jeder Sommerurlaub irgendwann zu Ende.

Kleiner Fisch, ganz groß

Wo sich die Seezunge platt macht.
Wo die Sardellen ihre eigenen Eier fressen.
Wo die Wale untereinander Liedtexte austauschen.

Erinnerungen aus meiner Kindheit... «Das Quadrat der Hypotenuse ist gleich der Summe der Quadrate der Katheten.» Kaum hatte ich mich auf meinem Stuhl niedergelassen, machten mich die Worte unseres Lehrers, die er mit monotoner Stimme herunterleierte, benommen. Das dumpfe Klingeln auf dem Schulhof hatte mich wie vor jeder Schulstunde schmerzhaft daran erinnert, dass die Ferien vorbei waren. Draußen schien die Sonne.

Warum fing das neue Schuljahr bloß im September an? Aus Absicht? Ausgerechnet jetzt, wo der Sommer am schönsten war, das Meer am stillsten, sonnengesättigt, und wo die Blätter der Bäume in allen Farben leuchteten, als wollten sie dem Tag einen krönenden Abschluss bereiten? Hatten sich die Erwachsenen überlegt, dass es das Beste wäre, die Kinder im grausamsten Moment des Jahres einzusperren, wenn sie beim Blick aus dem Fenster der Himmel anstrahlte, als wollte er sie hinausrufen zum Abenteuer, zur Freiheit?

Den Kopf auf die Hände gestützt, die Ellenbogen auf dem Spanholztisch, hörte ich mit einem Ohr der raubeinigen Nomenklatur der gleichschenkligen und gleichseitigen Dreiecke zu. Wie ein Tier im Käfig verstand ich nicht, warum ich hier war. Ich sollte etwas lernen, hatte man mir gesagt. Aber jetzt stellte der Lehrer, der doch all das wissen musste, uns Schülern Fragen! Was für eine verkehrte Welt. Mir jedenfalls schien diese Art des Unterrichts höchst suspekt.

Im Halbschlaf riss ich aus meinem «Schulheft mit beidseitig bedruckten karierten Seiten mit Rand» ein Blatt heraus und zog geistesabwesend mit meinem Bleistift der vorschriftsgemäßen Härte HB ein paar Linien. Selbst zu diesem Bleistift, den wir in allen Unterrichtsfächern benutzen mussten, war man mir eine Erklärung schuldig geblieben. Wir alle haben während unserer gesamten Kindheit diese Bleistifte benutzt, ohne zu wissen, was H oder B bedeutet, und ohne auch nur eine der vielen anderen Bleistifthärten zu entdecken, etwa die seltene 6H oder die noch seltenere 8B. Unter meiner Mine zogen verträumte Striche dahin, verschmolzen miteinander und bildeten eine Landschaft, in der sich Geist und Blick verfingen und mich langsam, aber sicher von der mit Lehrsätzen vollgeschriebenen Tafel in ferne Gefilde entführten. Die Striche begannen sich von den Karos auf dem Blatt abzuheben und ließen bald die hellblauen Gitterstäbe und den roten Rand verschwinden. Ich ließ mich in den Wellen meiner Zeichnung treiben. Plötzlich tauchte unter meiner Mine eine Sardine auf und nahm langsam Gestalt an. Schon hörte ich im über das Papier streichenden Graphit die Brandung. Das Klassenzimmer verschwamm in der Gischt. Der Fisch wurde größer und größer, bis mich sein Bild auf und davon trug.

Fische müssen nicht zur Schule gehen. Sie lernen auch so, was sie für ihr Fischleben brauchen. Trotzdem ist das Leben eines Fischkinds ziemlich komplex. Wenn es geboren wird, schlüpft es meistens – egal ob es nur zu einer kleinen Sardine oder Dorade wird oder zu einem riesigen Thun- oder Schwertfisch – aus einem kaum millimetergroßen Ei. Anfangs ist es eine winzige, rudimentäre Larve, die frei und orientierungslos im Plankton herumirrt. Es kann weder schwimmen noch fressen noch atmen und lässt sich einfach im Wasser treiben, ernährt von einer dottergelben Tasche, die per Diffusion durch seine Haut Sauerstoff aufnimmt. Es muss alles erst noch lernen.

Aber das Fischkind lernt schnell. Nach wenigen Tagen beginnt sich die Larve zusammenzuziehen und macht schon bald geordnetere Bewegungen, bis sie schließlich im Plankton kleine Beutetiere jagt. Ihre Kiemen und Flossen entwickeln sich. Sie entdeckt ihre Geschichte und das Schicksal, das sie erwartet. Die Larve des Aals lernt, dass sie zur Küste wandern muss, und macht sich zielstrebig auf den Weg, dem Golfstrom folgend. Die Larven des Lachses prägen sich ihren Geburtsbach ein und erlernen seine Gerüche, um eines Tages die Spur ihrer Kindheitserinnerung wiederzufinden. Die Larven der Korallenfische wiederum spitzen die Ohren. Sie hoffen, den fernen Gesang der Bewohner eines Korallenriffs zu erhaschen, dem sie sodann entgegenschwimmen, um sich dazuzugesellen. Dafür nehmen sie eine monatelange Reise durch die leeren Weiten des Ozeans in Kauf.

Sich im Wasser fortzubewegen, noch dazu auf so weiten Expeditionen, ist für Fischlarven ein schwieriges Unterfangen. Aus ihrer Winzlingsperspektive verhält sich das Wasser anders, als wir es wahrnehmen. Betrachtet man es aus der Nähe, sieht man vor allem die Diffusionsbewegung der Wassermoleküle und weniger die Effekte der Trägheit des Wassers oder seiner Konvektionsströme. Im kleinen Maßstab verschiebt sich das Wasser nicht als kompakte Masse, sondern jedes einzelne Molekül hat seine eigene, ungeordnete Bewegung. Je kleiner ein Gegenstand ist, umso bedeutender wird der Einfluss dieser ungeordneten Bewegungen und umso stärker verlangsamt sich der Wasserstrom um ihn herum durch die Verwirbelung der Wassermoleküle. Insofern kommt das Wasser einem kleinen Lebewesen wie eine zähe, unbewegliche Flüssigkeit vor, von der es permanent gebremst wird. Einer Fischlarve erscheint Wasser ähnlich zähflüssig wie uns Menschen Honig. Erst wenn der Fisch größer wird, entwächst er allmählich dem zähen Fluss, bis ihn das Wasser nur noch als eine leichte Flüssigkeit umspült. Er kann Fahrt aufnehmen, durchs Wasser gleiten und sich sogar vom Strom forttragen lassen.

Während seines Wachstums lernt ein Fisch also immer wieder neu und anders zu schwimmen. Neues zu lernen und Neues zu entdecken ist in gewisser Weise auch unser Schicksal, vor allem in der Schulzeit. Als Kleinkinder sollen wir kreativ sein und frei auf dem leeren Blatt malen. Später dann sollen wir Umrisse ausmalen, möglichst genau, nach Regeln. Wir sollen unsere Sätze an die Leine legen, Subjekt, Verb, Objekt. Uns an die Vorschriften halten. Dann kommen die Prüfungen, wo wir wieder originell sein sollen, allerdings nur in einem bestimmten Rahmen, gleichsam risikolos. Und nach dem Schulabschluss müssen wir noch einmal Neues lernen, jeder auf seine Weise, unsere eigenen Regeln erfinden oder etwas suchen, das uns originell und einzigartig macht.

Die an ihr Leben im Plankton angepasste Fischlarve hat wenig Ähnlichkeit mit dem adulten Tier, das sie später einmal sein wird. Der junge Mondfisch ähnelt einer von Dreiecken aus Strahlen gerahmten Sonne. Die Larve der Sardine gleicht einem spindeldürren Aal. Die Larve des Schwertfischs sieht aus wie ein Drache, der keine Schnauze hat, aber dafür ein riesiges Segel auf dem Rücken trägt. Zu Gesicht bekommt man sie nur sehr selten, da dieser Fisch in den ersten Wochen extrem schnell wächst und nach einem Jahr bereits vierzig Kilogramm wiegt. Die Larven von Plattfischen wie der Seezunge oder der Scholle kommen als «normale» Fische zur Welt: Sie können schon in offenen Gewässern schwimmen und haben auf jeder Seite des Kopfes ein Auge. Eines davon wandert im Laufe der Zeit auf die andere Seite, die nach und nach platter wird. Ein seltsamer Perspektivwechsel muss das für die Scholle sein. Sie gibt die Freiheit der Wellen auf, um sich an den Grund zu heften, mit dem Sand zu verschmelzen und unterm Meeressediment zu liegen, dessen Farbe sie annimmt. Sie gewöhnt sich daran, die Welt von unten zu betrachten, den Himmel als Horizont. Und sie bleibt für den Rest ihres Lebens geplättet in einer zweidimensionalen Welt.

Mit einem dumpfen Geräusch landete mein Bleistift auf dem Boden, wo er platt wie eine Scholle liegenblieb. Als der Lehrer zu mir herübersah, schob ich das Papier schnell

Die Metamorphose der Plattfische

unter mein Heft, damit er meine Zeichnungen nicht sah. Er monologisierte weiter, ohne die Stimme zu heben. Ich war noch einmal davongekommen. Aber er hatte mich von jetzt an auf dem Kieker.

Der Lehrer redete, ohne uns anzusehen, langweiliger als der stummste Fisch. Doch zugleich beäugte er uns aus dem Augenwinkel, um jedem nachzustellen, der nicht zuhörte oder sich mit etwas anderem beschäftigte. Ich versuchte seinen Worten zu folgen; allein, die Langeweile war stärker. Die Wellen riefen mich. Auf mein Blatt hatte ich Möwen, abstrakte Arabesken und eine noch unfertige Landschaft gezeichnet, die ich gern fertigstellen wollte. Vorsichtig zog ich einen Zipfel unterm Heft hervor und begann das hervorlugende Stück Papier, in höchster Alarmbereitschaft, um es jederzeit sofort wieder verschwinden zu lassen, mit den vier plumpen Farben meines Stiftes auszumalen. Mir kam diese erzwungene Heimlichtuerei absurd vor. Bei welchem anderen Lebewesen auf der Erde gab es das, dass einem der Lehrer, der einem doch eigentlich etwas beibringen wollte, derart nachstellte?

Andererseits war ich im Vergleich zu manchem Meeresbewohner vielleicht doch nicht so schlecht dran. Es gibt Fische, die von ihren eigenen Eltern gejagt werden, sobald sie auf der Welt sind. Zum Beispiel können Sardellen die von den Weibchen gelegten Eier nicht vom Plankton unterscheiden, von dem sie sich ernähren, weshalb sie achtundzwanzig Prozent ihres eigenen Nachwuchses fressen. Hechte sind etwas geduldiger, sie fressen ihre Kleinen erst, wenn diese schon etwas älter sind. Die Weibchen indes verspeisen kurz nach dem Laichen sogar ihren eigenen Gemahl. Dabei dient ein solches Verhalten, wenn es sich im Laufe der Evolution durchgesetzt hat, dem Erhalt der eigenen Art. Nach dem Eierlegen ist das Weibchen erschöpft, weshalb es einen schnellen Kalorienschub braucht, der möglichst wenig Aufwand erfordert. Dazu eignen sich fettreiche Eier oder ein ermatteter Ehemann eben eher als die gewohnten Beutetiere.

Die Groppe, ein massiger Fisch, der am Grund von Gebirgsbächen lebt, hat das Dilemma zwischen erfolgreichem Laichen und Überleben der Eltern in ein ausgeklügeltes Gleichgewicht gebracht. In einer Art Grotte, an deren Decke jedes Weibchen eine Traube Eier ablegt, wacht das

Männchen über das Gelege. Um es zu beschützen, muss es einen Monat lang fasten. Wird der Hunger einmal allzu groß, frisst es von jeder Traube ein paar wenige Eier, aber niemals eine ganze Laichtraube. So schlüpfen aus jedem Laich und damit auch von jedem Weibchen immer ein paar Jungfische, so dass die genetische Vielfalt der neuen Generation gewährleistet ist.

Der Sandtigerhai hat eine radikalere Strategie. Er ist ovovivipar, das heißt, die Keimlinge schlüpfen in der Gebärmutter aus dem Ei und bleiben dort bis zur Geburt. Allerdings gibt es keine Nabelschnur, über die sie ernährt würden, weshalb ihre Nahrungsaufnahme ungleich aggressiver ist. Ein Weibchen paart sich jeweils mit mehreren Männchen und trägt somit mehrere Dutzend Embryonen von verschiedenen Vätern in sich. Die ersten, die aus dem Ei schlüpfen und also stärker sind als die anderen, fressen in der Gebärmutter zunächst ihre Halbbrüder, dann die noch nicht geschlüpften Eier und zuletzt sogar noch die unbefruchteten Eier. Sind sie schließlich kräftig genug, um sich in die Welt hinauszuwagen, gibt es nur noch ein oder zwei Überlebende – die allerdings fast einen Meter lang sind. Der intrauterine Brudermord führt dazu, dass nur die widerstandsfähigsten Embryonen mit den besten Überlebenschancen selektiert werden.

Zum Glück haben aber viele Fische eine angenehmere Kindheit oder zumindest eine Kindheit, wie wir sie kennen; die Eltern beschützen ihre Eier und achten auf ihre Kinder. Bei den Fischen kümmert sich meistens das Männchen um den Nachwuchs. Dieser Aufgabe nimmt es sich mit großer Hingabe an. Insofern haben Fische unserer Gesellschaft einiges voraus und könnten uns durchaus als Vorbild dienen. Beim Seehasen, einem feisten Fisch, der in kalten Gewässern lebt und dessen schwarzer oder roter Rogen als Kaviarersatz verkauft wird, versorgt das Männchen die Eier seiner Gefährtin in einem Algennest im flachen Wasser mit Sauerstoff. Es heftet sich mit einer Saugschale am Bauch an die Felsen in seiner Umgebung und bleibt sechs bis sieben Wochen beim Laich, um ihn zu bewachen, bis die Jungfische schlüpfen. Im Tanganjikasee gibt es Tilapia, bei denen die Eltern noch hingebungsvoller sind: Um ihren Nachwuchs zu schützen, befruchten und bebrüten sie ihre Eier im eigenen Maul, wo sie die Jungtiere sogar aufziehen, indem sie ihnen einen Teil der eigenen Nahrung überlassen. Bei den Seepferdchen legt das Weibchen seine Eizellen in einer Tasche im Körper des Männchens ab, das die Eier befruchtet und austrägt, bis es Hunderte Seepferdchenbabys gebiert, die wie ein Feuerwerk aus ihm herausschießen.

Nur wenige Fischarten leben im Familienverbund, dazu gehören zum Beispiel die Clownfische. Sie bilden in ihrer

Anemone eine seltsame Gemeinschaft, bestehend aus den beiden Eltern und ihren Kindern, die allesamt als Männchen geboren werden. Stirbt das Weibchen, verwandelt sich sein Gefährte in ein Weibchen, und der reifste Nachfahre übernimmt die Rolle des Gatten; hätte ein bekannter Zeichentrickfilm dieser eigenartigen Tatsache Rechnung getragen, wäre die Story wohl ein klein wenig anders verlaufen.

Viele Fischarten sind Hermaphroditen und wechseln im Laufe des Lebens ihr Geschlecht. Die Unterwasserwelt ist gegenüber solchen «gesellschaftlichen Themen» sehr aufgeschlossen, es gibt hier eine große Bandbreite an Verhaltensweisen. An der Mittelmeerküste lebt zum Beispiel der Meerjunker, ein gern gesehener Gast in unserer Fischsuppe. Bei ihm werden alle Jungfische als Weibchen geboren und verwandeln sich später in Männchen, die sich in lebhaftere Farben mit einer zinnoberroten Linie kleiden. Manche Weibchen mögen aber das männliche Gewand nicht annehmen und bleiben lieber so, wie sie sind. Während sich nun die anderen Männchen um die Weibchen prügeln, können sie – die Männchen in Frauengewand – unauffällig das Vertrauen der echten Weibchen gewinnen und sie verführen, ohne dass es irgendeiner bemerkt. Die im Mittelmeer zwischen den Felsen herumwirbelnden Meerjunker sind ein fröhlich farbenfrohes Schauspiel. Sobald irgendwo was los ist, kommen sie von überallher und vollführen Drehungen und Kehrtwenden wie die gewandtesten Zirkusakrobaten. Immer wenn ich sie sah, dachte ich ...

«Dein Mitteilungsheft!» Das dunkle Grollen riss mich jäh aus meiner unterseeischen Träumerei. Diesmal hatte mich das Raubtier erwischt. «Zwei Stunden Nachsitzen.»

Einen ganzen Mittwochnachmittag eingesperrt, der Freiheit beraubt ... Gibt es für ein Kind eine grausamere Strafe, als mit Lebensstunden zu bezahlen? Ich war für «Träumen im Unterricht» bestraft worden und weil ich Zeichnungen angefertigt hatte, anstatt die Winkel von Dreiecken zu büffeln; in einem leeren, düsteren Klassenzimmer musste ich mich zu zwei Schulkameraden setzen, die für «Schwätzen im Unterricht» büßten. Für die Menschen, die uns das Leben lehren wollten, waren das offenbar die schlimmstmöglichen Verbrechen: Reden und Träumen.

Dabei ist es unerlässlich zu reden, wenn man etwas lernen will. Ja, es ist sogar fundamental, um eine Zivilisation zu gründen und erblühen zu lassen. Die Kraken zählen zu den intelligentesten Tieren der Welt und haben vermutlich den Intelligenzrekord unter den Wirbellosen inne. Ihr Gehirn ist erstaunlich leistungsfähig, es kann Gedankengänge entwickeln und Schlussfolgerungen ziehen. Damit stellen sie innerhalb der Familie der Weichtiere, zu der sonst eher einfach gestrickte Wesen wie Muscheln oder Strandschnecken gehören, eine Anomalie der Evolution dar. Neben ihrem regen Geist verfügen Kraken auch über einen verblüffend gelenkigen Körper, mit dem sie sich durch kleinste Öffnungen winden können. Darüber hinaus können sie ganz nach Belieben Form und Farbe ändern und haben acht Arme, in die sie einen Teil ihres Nervensystems ausgelagert haben; deren Wendigkeit ließe unsere präzisesten Roboter erblassen. Aufgrund all dieser Fertigkeiten müssten die Kraken eigentlich die beherrschende Art auf der Erde sein, noch dazu wenn man bedenkt, dass sie im Wasser leben und ihnen damit einundsiebzig Prozent der Erdoberfläche zur Verfügung stünden, um ihre Zivilisation zu errichten.

Aber es ist ihnen nicht gelungen. Oder sagen wir: noch nicht. Erklären lässt sich ihr Misserfolg womöglich durch die Art und Weise, wie sie ihr Wissen weitergeben. Ein Krake erwirbt sein Leben lang neues Wissen. Er entwickelt komplexe Strategien, kann sein Äußeres so verändern, dass er wie seine eigenen Feinde aussieht, und ihnen auf diese Weise entwischen, er kann eine leere Muschelschale als Waffe einsetzen und den Atem anhalten, um übers Festland zu kriechen und nach Nahrung zu suchen. Bislang dachte man, diese Kopffüßer seien nicht in der Lage, miteinander zu kommunizieren, doch inzwischen weiß man es besser. Kraken zeigen sich gegenseitig

Überlebenstricks, reden miteinander mithilfe von Gesten und Farbwechseln, und es gibt sogar Krakenstädte mit komplexen sozialen Interaktionen, die die Tiere auf Muschelhaufen errichten. Nur, und das ist die Crux: Kraken können zwar untereinander Wissen austauschen, es aber nicht an die nächste Generation weitergeben.

Das liegt an ihrer speziellen Art der Fortpflanzung. Der Lebensanfang eines Kraken ist ebenso trist wie dramatisch. Sobald das Männchen die Eier befruchtet hat, macht es sich auf zu anderen Abenteuern, während das Weibchen in der Grotte verharrt, um die Eier auszubrüten und diese kleinen weißen Stalaktiten, in denen sich die Krakenembryonen winden, zu beschützen und mit Sauerstoff zu versorgen. Aber da die Larven sehr lange brauchen, bevor sie schlüpfen, und da das Weibchen so aufopferungsvoll über sie wacht, dass es in der ganzen Zeit keine Nahrung aufnimmt, stirbt es, kurz bevor sie schlüpfen, vor Erschöpfung – ohne auch nur ein Wort mit seinem Nachwuchs gewechselt, geschweige denn sein Wissen an die nächste Generation weitergegeben zu haben. Somit muss der junge Krake die ganze Welt allein erkunden. Nur weil Kraken ihren Kindern also nichts beibringen können, haben sie nicht das Festland erobert, haben sie keine Städte wie unsere, keine Kathedralen, keine 4G-Satelliten, keine U-Bahn zur Stoßzeit, keine Debatten in sozialen Netzwerken, keine Steuererklärung und nichts von dem, was die Zivilisation noch so alles an Annehmlichkeiten

Ein Krake

bietet. Vielleicht ist es ja auch besser für sie, aber bedauerlich finde ich es trotzdem, weil sie in ihren Kirchen sicher Feuerlöscher aufgestellt und in der U-Bahn ein funktionierendes WLAN eingerichtet hätten.

Das Gegenteil der Kraken sind die Buckelwale. Sie erziehen ihre Kinder über lange Zeit und reden unentwegt mit ihnen. Dank dieser Erziehungsmethode konnten sie so etwas wie eine Kultur hervorbringen. Jede einzelne Gruppe entwickelt Grundzüge einer Kultur, sprich ein eigenes, spezifisches Verhalten, das sie an die Nachkommen weitergibt und auf diese Weise aufrechterhält. So werden etwa die Gesänge der Buckelwale innerhalb einer

Gruppe von Jahr zu Jahr weitergegeben. Dabei ergänzt oder variiert jeder Wal einige Strophen, die die anderen Mitglieder der Gruppe dann lernen, so dass sich die Lieder jedes Jahr verändern, wie musikalische Trends oder wie auch die Sprache. Neue Themen kommen auf, andere gehen verloren, wieder andere wandeln sich.

In den 1980er Jahren verschwanden die Heringsschwärme aus dem Golf von Maine, durch industrielle Fischerei überfischt. Überall auf der Welt ziehen die Buckelwale Gruppen von Heringen an, indem sie ihre Blasenvorhänge aufspannen, um sodann ganze Schwärme mit einem Haps zu verschlingen. Als die Heringe in dieser Gegend ausgingen, mussten sich die Wale eine andere Beute suchen, Sandaale, deren Schwärme allerdings schwerer anzulocken sind. Deshalb erfanden die Wale eine neue Technik. Sie machten Blasen, indem sie mit dem Schwanz auf die Wasseroberfläche schlugen, womit sie die Sandaale zwangen, in die Tiefe zu tauchen. Seitdem wird diese Technik der Sandaaljagd von Generation zu Generation weitergegeben. Ein «unwissender» Wal, der aus einer anderen Gegend kommt, ist natürlich nicht in der Lage, Sandaale zu fangen. Aber wenn er Wale aus Maine trifft, die ihm die Technik zeigen, kann er sie erlernen. Diese durch pädagogische Maßnahmen und nicht durch Instinkt erwirkte Adaption von erworbenem, also nicht angeborenem, Wissen ist Verhaltensforschern zufolge der Beweis, dass Wale zur Weitergabe von Kultur fähig sind.

Aber ich war kein Walkalb und wollte meinen Mittwochnachmittag auch nicht damit verbringen, eingesperrt in ein Klassenzimmer irgendetwas zu lernen oder gar zu reifen. Bang erwartete ich die saftige Strafe, die mir der Aufsichtslehrer aufbrummen würde.

Meist mussten wir zwei Stunden lang die Hausordnung der Schule abschreiben oder, noch schlimmer, einzelne Paragraphen daraus, was nur zusätzlich unseren Ehrgeiz anstachelte, uns Listen zu erdenken, wie wir diese Vorschriften unterwandern könnten, während unsere schmerzenden Handgelenke mechanisch übers Blatt fuhren. Diesmal jedoch ließ der Aufsichtslehrer Milde walten, er war offenbar guter Laune. Ohne von seiner Zeitung aufzublicken, forderte er uns auf, in den zwei Stunden Nachsitzen einen Aufsatz über das Thema «Wie waren deine Ferien?» zu schreiben.

Also machte ich mich an die Arbeit. Anfangs war ich widerwillig. Denn es kam mir noch grausamer vor, ausgerechnet jetzt an die Ferien zurückzudenken, wo sie doch gerade vorbei waren. Aber während sich die Worte aneinanderreihten, nahmen sie mich mit in eine andere Welt, wie schon zuvor die Striche meiner Zeichnungen. Ich beschrieb die Bucht mit dem leuchtenden Wasser, das grünviolett schillernde Seegras, das unter den Spiegelungen des Himmels wogte, und die an der Oberfläche tollenden Meeräschen. Nur mit ein paar Buchstaben aus Tinte setzte ich die durchscheinenden Sandstinte in Szene, den blauen Rücken der Sardinen, den sternenbesprenkelten Meeresgrund, die seltsam knatternden Seeigel. Ich hatte mich aus meinem Gefängnis befreit und schwamm in einem Universum, das ich selbst erschuf. All die grauenhaften Grammatikregeln, die mich so arg gepeinigt hatten, gingen in der Harmonie der Meereslandschaft auf. In deren Tiefen erwachten plötzlich die Stilfiguren, die unser Französischlehrer endlos mit uns durchgekaut hatte, zu Leben: Der zwischen den Felsen verborgene Krake wurde zur Metapher für den Meeresgrund, der Meeraal verkroch sich wie ein Euphemismus in seiner Grotte, bis nur noch sein Maul zu sehen war. Die Goldstriemen reihten sich zu einer langen Anapher aneinander, und der winzige Augenfleck-Lippfisch, der versuchte, bedrohlich auszusehen, spielte Hyperbel. Ich verspürte einen zutiefst natürlichen Stolz, mich in diesen poetischen Phrasen zu wiegen und sie den Wellen zu entreißen, um sie auf Papier zu bringen. Sie mitzuteilen machte mich glücklich.

Aber ich teilte sie nur dem Papier mit. Kaum hatten wir dem Aufsichtslehrer unsere Aufsätze übergeben, legte er sie roboterhaft zu einem Stapel zusammen und schmiss sie, ohne auch nur einen Blick darauf zu werfen, in den Papierkorb.

Noch zehn Monate, nur noch zehn, sagte ich mir beim Hinausgehen. Zum Glück würde es bald kälter werden, und dann kamen auch schon die Weihnachtsferien. Ich würde wieder Geschichten vom Meer lauschen können, wenngleich in etwas anderer Form. Denn die «Monate mit r» waren die Zeit der Meeresfrüchte.

Muscheln, Austern und Garnelen

Wo Sie Erzählenswertes für Ihr nächstes Menü mit Meeresfrüchten erfahren, selbst wenn Sie keine Austern mögen.

Wo eine Wellhornschnecke nach zweitausend Jahren das jüdische Volk wiedervereint.

Wo in den schwarzen Augen der Garnelen ferne Galaxien aufleuchten.

Meeresfrüchte haben etwas mit Koriander, kräftigem Käse und Lakritztee gemeinsam: Sie spalten die Geister. Während offenbar kein Mensch gleich nach der Geburt Austern zu seinem Lieblingsgericht erklären würde, kann man ab einem gewissen Alter drei Gruppen unterscheiden: die, die sie als Hochgenuss ansehen, die, die vorgeben, Austern zu mögen, aber den Geschmack mit Essig übertünchen, und die, die sie geradewegs eklig finden und das auch kundtun.

Unter den Austernliebhabern ist nur eine kleine Elite auch in der Lage, die Schalen selbst zu öffnen, ohne auf die oftmals halsbrecherischen Anleitungsvideos im Internet zurückgreifen zu müssen.

Doch ob man Austern mag oder nicht: Eine Auster zu öffnen ist fast so, als schlüge man ein Buch auf. Ein Schluck Meerwasser, umgeben vom Blätterteig der Schale, ein Perlmuttschatz unter felsiger Kruste, wehrhaft verriegelt. Um die Auster ranken sich unzählige marine Gerüchte und ozeanische Geschichten, die dieses verschlossene Wesen nur selten offenbart.

Während aber der Feinschmecker die Schale mit Gewalt aufhebelt, um ihren Inhalt zu schlürfen, wollen wir uns lieber gedulden, bis die Auster sich von selbst einen Spalt weit öffnet und zumindest ein paar ihrer Geheimnisse entweichen lässt.

Schon von außen ist die Schale der Auster anders als die aller anderen Muscheln. Das Perlmutt, aus dem sie besteht, ist ein Biomineral, also ein von einem Lebewesen produziertes Mineral. Dank der Gemeinschaftsarbeit zwischen Tier- und Mineralreich besitzt es außergewöhnliche Eigenschaften. Das Perlmutt besteht zu neunundneunzig Prozent aus Kalziumkarbonat, sprich Kreide. Die Auster beherrscht jedoch die geheime Kunst, die bröckelige, trübe Kreide in festes, wertvolles Perlmutt zu verwandeln.

Das eine Prozent im Perlmutt, das keine Kreide ist, stellt die Auster nach einem Geheimrezept her, und zwar wandelt sie Kreide in ein Zement auf Proteinbasis um. Wie sie das macht, ist bislang ein ungelüftetes Geheimnis. Immerhin weiß man aber schon, dass die Auster zur Kreide einige Mineralsalze hinzufügt, um winzige, etwa zehn Mikrometer große Plättchen aus Kalkkristallen zu bilden, das Aragonit. Diese Kristalle verklebt sie auf noch unbekannte Weise, wobei das Protein Conchiolin eine Rolle spielt. Die Kristallverbindung ist dreitausend Mal härter als Aragonit allein, welches schon deutlich fester ist als reine Kreide. Perlmutt hat keine Farbe, da das Material, aus dem es besteht, keine Pigmente besitzt. Wenn aber Sonnenlicht auf das Perlmutt fällt, wird es von jedem einzelnen der winzigen Aragonitplättchen reflektiert. Diese sind so klein und so regelmäßig angeordnet, dass die sich reflektierenden Sonnenstrahlen einander überlagern. Dadurch wird das Licht in verschiedene Farben aufgespalten, weswegen manche Muscheln in allen Farben des Regenbogens schillern. Optiker sprechen hier von strukturellen Farben: Das farblose Material des Perlmutts spaltet das Licht mithilfe seiner Form und Struktur und erdichtet sich auf diese Weise Farben, ohne auch nur ein einziges Farbpigment zu besitzen.

Austern stellen unentwegt Perlmutt her: um zu wachsen, aber auch um sich zu schützen. Wenn ein Sandkorn in die Muschel eindringt, ist das für sie wie ein Kieselstein im Schuh, erst störend, dann lästig und schon bald ziemlich schmerzhaft. Deshalb dreht die Auster das Sandkorn in der Muschel hin und her und umhüllt es mit Perlmutt, um es entweder loszuwerden oder zumindest schmiegsamer zu machen. So lagert sich nach und nach immer mehr Perlmutt auf dem Sandkorn ab, das immer größer und runder wird und schließlich eine Perle bildet. Alle Austern produzieren Perlen. In den handelsüblichen Austern findet man sie zwar höchst selten, aber ganz unmöglich ist es nicht – und bei Perlen ist es immer gut, an Wunder zu glauben. Das wissen die Austern selbst am besten. Damit auch wir daran glauben, wenn wir vor unserem Teller mit Meeresfrüchten sitzen, lauschen wir doch einmal einer Auster, die sich gerade zu öffnen beginnt, um uns das moderne Märchen von der größten Perle der Welt zu erzählen.

Die Geschichte spielt in einer fernen Gegend. Begeben hat sie sich in den klaren Gewässern der Philippinen. In den Korallenriffs dieser Gegend leben die größten Austern der Welt, sie stammen aus der Gattung *Tridacna* und haben einen Durchmesser von über einem Meter. Ihren französischen Namen, «bénitier» («Weihwasserbecken»), bekamen diese Mollusken, weil sie in der Renaissance von Forschern nach Europa mitgebracht wurden und dort als Weihwasserbecken dienten; einige dieser Becken kann man heute noch bestaunen. Nun verfing sich eines Tages irgendwo auf dem Grund eines einsamen Korallenriffs in der Provinz Palawan ein Sandkorn in einer solchen Muschel. Alle Versuche der Auster, es loszuwerden, waren vergebens. Deshalb musste sie eine Perle um das Sandkorn legen, die immer weiter wuchs, bis sie schließlich fast den gesamten Innenraum der Auster einnahm.

Eine unerwartete Wendung nahm die Geschichte, als eines Abends im Jahr 2000 ein großer Sturm ausbrach. Ein Fischer der Gegend, der aufs offene Meer hinausgefahren war, konnte wegen der hohen Brandungswellen vor den Riffs nicht zur Küste zurück. Daher beschloss er, die Nacht auf dem Meer zu verbringen, und warf in einer Untiefe den Anker. Als sich der Sturm am nächsten Morgen gelegt hatte und der Fischer den Anker lichten wollte, stellte er fest, dass dieser sich verhakt hatte. Er sprang ins Wasser, um ihn zu lösen, und sah erstaunt, dass sich der Anker in einer riesigen Auster verkeilt hatte, in der sich eine gewaltige Perlmuttmasse mit seltsamen Windungen befand.

Der Fischer, der sehr arm und sehr abergläubisch war, wusste nicht, dass es sich um eine Perle handelte, meinte aber, es müsse wohl ein magischer Gegenstand sein. Er nahm ihn mit und versteckte ihn unter seinem Bett. Zehn Jahre lang berührte er jeden Morgen, bevor er aufs Meer hinausfuhr, die Perle, weil er überzeugt war, sie bringe ihm Glück. Manchmal fing er viele Fische, manchmal wenige. Aber mit jenem Vertrauen ins Übernatürliche, das allen Menschen auf dem Meer eignet, war der Fischer getrost, dass der magische Gegenstand über ihn wachte.

Nach zehn Jahren zog der indonesische Fischer bei seiner Tante aus, die in der Stadt in einem touristischen Museum arbeitete. Sie half ihm, die Umzugskartons zu packen – und entdeckte verblüfft die Perle. Sie riet ihrem Neffen, die Perle schätzen zu lassen.

Die Geschichte sagt uns nicht, ob Geld glücklich macht. Aber der indonesische Fischer war plötzlich im Besitz der größten Perle der Welt, mit einem Gewicht von vierunddreißig Kilogramm und einem geschätzten Wert von über zwanzig Millionen Euro. Vielleicht hatte er Recht gehabt, an ihre magischen Kräfte zu glauben.

Jahrhundertelang waren Perlen in Frankreich ein höchst seltenes Gut, weshalb es ein eigenes Gewerbe gab, das für die anspruchsvollsten Höfe in ganz Europa Kunstperlen herstellte. Sie kamen zwar nicht aus Austern, ja nicht einmal aus dem Meer, hatten aber doch etwas mit einem Fisch zu tun – dem Weißfisch, einem bescheidenen Süßwasserfisch, der in Paris in der Seine und in Lyon in der Rhône lebt. Die Geschichte, wie der Mensch dazu kam, Kunstperlen herzustellen, ist ebenfalls so spannend, dass sie nicht mit Perlmutt aufzuwiegen ist.

Es begab sich in der Nähe von Paris, im Jahre 1686. Ein Paternostermacher – ein Hersteller von Rosenkränzen – namens Maître Jacquin klagte über den Handel mit Kunstperlen, obgleich er damit sein Geld verdiente. Wie alle seine Kollegen gab er seinen Kunstperlen aus Glas einen perlmuttfarbenen Glanz, indem er sie mit einer Mischung aus Quecksilber und Blei befüllte, was der Gesundheit seiner Kunden abträglich war. Er wusste das, seine Kunden wussten das, aber trotzdem rissen sie ihm seine sündhaft teuren Perlenimitate aus den Händen, was ihm Tag um Tag größeres Missbehagen bereitete.

Dabei hätte er Grund zu großer Freude gehabt, denn die Hochzeit seines Sohnes mit der hinreißenden Ursule stand bevor, der Tochter des benachbarten Apothekers. Aber Maître Jacquin ahnte schon den schicksalsschweren Tag voraus, an dem ihn Ursule bitten würde, ihr für die Hochzeit eine seiner hochgiftigen Perlenketten anzufertigen. Und tatsächlich kam der gefürchtete Tag.

Da er es nicht übers Herz brachte, der Bitte nachzukommen, grübelte er stundenlang über eine Lösung, bis ihm bei einem Spaziergang an der Seine der perlmuttfarbene Schimmer eines Weißfischschwarms ins Auge fiel.

Der Paternostermacher wusste nicht, dass die Schuppen dieser Fische in bestimmten Zellen, den sogenannten Iridophoren, dieselben mikroskopisch kleinen Strukturen besitzen wie die Plättchen des Perlmutts und dass sie deshalb genauso herrlich schimmern wie Austernperlen. Aber ihm schien, der Effekt könnte zumindest ähnlich sein. Da entwickelte er zusammen mit seinem künftigen Gegenschwiegervater, dem Apotheker, ein Verfahren, um diese winzigen Plättchenschuppen mithilfe von Ammoniak zu konservieren, und füllte sie in feine, mit Wachs ausgekleidete Glaskügelchen. Die gewonnene Substanz nannte er «essence d'Orient» – auf Deutsch heißt sie Fischsilber oder auch Perlenessenz. Schon bald wollten alle Höfe Europas nur noch diese ungefährlich schön schillernden Perlen haben.

Da man jedoch zwanzigtausend Fische brauchte, um fünfhundert Gramm Fischsilber herzustellen, lebten zweihundert Jahre lang ganze Dörfer an Seine, Saône und Rhône von der Gewinnung jener Plättchen. Und noch heute drehen sich bei uns zahlreiche Wassermühlen, die ursprünglich gebaut wurden, um den Weißfischen ihre Schuppen zu entreißen.

Unter den Austern auf unserer Meeresfrüchteplatte liegen die unaufdringlicheren Strandschnecken. Aber warum sind sie überhaupt da? Keiner isst sie, die Schale zu entfernen erfordert das Geschick eines Feinmotorikers, und trotzdem werden uns diese Bauchfüßler bei jedem Mahl haufenweise aufgetischt, manchmal sogar ohne die obligatorische Mayonnaise oder gar ohne heilsbringende Spitzhacke.

Ebenfalls serviert werden uns Wellhornschnecken, die stummsten und langweiligsten Meerestiere aller Zeiten.

Doch siehe da, plötzlich öffnet eine Wellhornschnecke – offenbar von einer Auster angespitzt – die Außenlippe und hebt an, uns eine Geschichte zu erzählen. Es ist die Geschichte einer ihrer Verwandten im Mittelmeer. Diese war der Auslöser für eine Jahrtausendsuche, die in alle Winkel der Welt führte. Eine Suche so alt wie die Bibel.

Es stand geschrieben im Alten Testament. Gott hatte sich an Moses gewandt mit den Worten: «Rede mit den Israeliten und sprich zu ihnen, dass sie und ihre Nachkommen sich Quasten machen an den Zipfeln ihrer Kleider und blaue Schnüre an die Quasten der Zipfel tun.» Im hebräischen Original heißt die Farbe Tekhelet. Sie war eine heilige Farbe, zugleich schwarz wie Mitternacht und blau wie der Saphir der Gesetzestafeln, azurn wie der Himmel um die Sonne und grün. Es stand geschrieben. Tekhelet war heilig, weil es vom Chilazon stammte, einem Weichtier, das dem Meer ähnelte, und das Meer ähnelte dem Himmel. Es stand geschrieben.

Jahrhundertelang gewannen die Hebräer die Farbe Tekhelet aus dem Chilazon, um die Quasten ihrer Kleidung damit zu schmücken. Es war ein uralter Ritus: Sie entnahmen dem Meer dieses Geschenk des Himmels, dann färbten sie die Schnüre ihrer Quasten mit der göttlichen Farbe.

Aber die Hebräer waren nicht die Einzigen, die aus Weichtieren Farbe gewannen. Auch die Griechen und Römer holten sich ihr Pigment aus dem Wasser, das Purpur. Das war allerdings kein göttliches Geschenk. In ihren Erzählungen hatte es Herkules entdeckt, genauer gesagt dessen Hund, der sich beim Verzehr einiger Schalentiere die Lefzen purpurn gefärbt hatte. Die Farbe war kein Tekhelet, sondern ein Rosa-Violett, das zum Bordeauxrot neigte. Es war nicht die Farbe Gottes, sondern die Farbe des Ruhmes, der Kaiser und Notabeln.

Da man, um ein Gramm Purpur herzustellen, zwölftausend Schnecken per Hand aushöhlen musste, war diese Farbe teurer als Gold. Der Handel mit Purpur machte die phönizische Stadt Tyros reich und berühmt, Millionen Sesterzen wurden damit umgesetzt und allerlei Begehrlichkeiten geweckt. Cäsar sah bald eine Möglichkeit darin, Roms Kassen wieder aufzufüllen, und ordnete an, jederlei Farbe auf Basis von Schalentieren sei kaiserliches Monopol.

Das Tekhelet fiel ebenfalls unter diese Verordnung, und um weiterhin ihren religiösen Verpflichtungen nachzukommen, gingen die hebräischen Färber in den Untergrund. Fast zweihundert Jahre lang wurde Tekhelet illegal hergestellt. In Jerusalem trug man es sehr diskret in der Öffentlichkeit; alle wussten, woher es kam, aber niemand sagte etwas. Die Römer verschlossen die Augen, weil sie nur an den rosafarbenen Schimmer des Purpur dachten. Doch Nero, der verrückte Kaiser, wollte, dass keiner außer ihm Purpur trug. Deshalb erließ er ein Gesetz, dass alle Farben aus dem Meer dem Herrscher vorbehalten seien, und setzte es mit brutaler Gewalt im gesamten Kaiserreich durch. Nun mussten sich auch die Hebräer beugen. Und gaben auf.

Obwohl man das Geheimnis des Tekhelet jederzeit in der Bibel nachlesen konnte, wurde im Laufe der Generationen vergessen, wie es hergestellt wurde. Das Chilazon schwamm glücklich und zufrieden durch die Riffs des Mittelmeers; schon bald wusste kein Mensch mehr, wie es überhaupt aussah.

Im Verlauf der Geschichte verstreute sich das jüdische Volk über die ganze Welt, fern der Gestade, an denen das Chilazon sein polychromes Geheimnis hütete. Dennoch behielten die Rabbis die verlorene Farbe in Erinnerung. Sie hatten nie gesehen, wie herrlich sie schillerte, aber sie wussten, dass es ihre Pflicht als Gläubige war, alles dafür zu tun, sie wiederzufinden. Was sie in der Bibel darüber lasen, machte es ihnen aber nicht gerade leichter. Dort hieß es, die Farbe ähnele zugleich Schwarz, Blau und

Grün; und über das Chilazon wusste man nur, dass es eine Schale hatte und aussah wie das Meer.

Im Mittelalter erklärte der weithin bekannte Rabbi Moses Maimonides aus Spanien, das Tekhelet sei vermutlich hellblau, weshalb die sephardischen Juden in Nordafrika ihren Gebetsmantel, den Tallit, fortan mit blauen Quasten verzierten. Zur gleichen Zeit meinte der Rabbi Raschi aus der Bourgogne, das Tekhelet müsse schwarz sein; also trugen die aschkenasischen Juden in Europa einen Tallit mit schwarzen Quasten.

Doch für alle, die der Bibel wortgetreu folgen wollten, blieb jeder Versuch, ein Schalentier zu finden, das wie das Meer aussah und eine Farbe abgab, die zugleich Schwarz, Grün und Blau war, vergebens. Man dachte an die Veilchenschnecke, die blau war wie das Meer und eine azurne Flüssigkeit ausstieß, um Feinde abzuwehren; aber die war von reinem Blau, in das sich keinerlei Grün oder Schwarz mischte. Im 19. Jahrhundert hatte der Rabbi Gershon Henoch Leiner eine andere Idee: Vielleicht war das Chilazon schlicht und einfach ein Tintenfisch. Denn dieser Kopffüßer kann tatsächlich wie das Meer die Farbe wechseln und sich tarnen, indem er sein Aussehen an den Meeresboden anpasst. Er hat eine Art Schale, das Chitinbein. Und er spuckt schwarze Tinte. Die musste man nur noch blau färben, weshalb der Rabbi ein chemisches Verfahren erfand, mit dem er aus der Tinte des Tintenfisches ein Indigoblau gewann.

Die Hoffnung, das Chilazon endlich gefunden zu haben, währte allerdings nur so lange, bis die Fortschritte in der Chemie den Nachweis erlaubten, dass das auf diese Weise gewonnene blaue Pigment nicht aus der Tinte stammte, sondern aus Kohlenstoffatomen des verkohlten Tintenfisches. Mit anderen Worten: Jede beliebige organische Materie hätte, wenn man sie verbrannte, eine ähnliche Blaufärbung angenommen wie die, die der Rabbi in seinem Verfahren hergestellt hatte. Der Tintenfisch war nicht das Chilazon.

Manche Juden glaubten schließlich, Gott habe das Chilazon den Menschen absichtlich weggenommen und nur der Messias kenne dessen Geheimnis.

In den 1970er Jahren jedoch entdeckten Archäologen im Libanon Überreste riesiger Lagerhallen voller Schalen von Stachelschnecken, was die Forscher auf eine neue Idee brachte. Vielleicht besaß ja diese Schnecke, um die sich die Römer rissen und aus der sie ihr Purpur gewannen, eine geheime zweite Identität.

Es war eine große gestreifte Wellhornschnecke; als die Rabbiner sie im Museum sahen, konnten sie keine Ähnlichkeit mit dem Meer ausmachen. Aber die lebende Schnecke umhüllte sich im Wasser mit Algen und Sinter, wodurch sie den moosbewachsenen Steinen auf dem Meeresgrund glich.

Sicher lüftete ein Fischer das Geheimnis des Tekhelet, indem er an einem sonnigen Tag eine Stachelschnecke aufbrach und sah, wie ihr Sekret erst schwarz, dann grün und zuletzt blau wurde. Zweitausend Jahre hatte es gedauert, bis jemand darauf kam. In den 1980er Jahren erbrachte der Chemiker Otto Elsner schließlich den Beweis. Die Pigmente der Stachelschnecke ändern unter der ultravioletten Strahlung der Sonne ihre Farbe und werden blau, schwarz oder grün. Damit war das Chilazon wiedergefunden.

Nun, da dieser Teil ihrer Geschichte bereinigt war, fanden die Gebetsmäntel der Juden in aller Welt endlich wieder zusammen – dank einer kleinen Wellhornschnecke, die kein Rabbi jemals kosten wird, da das Verspeisen von Meeresfrüchten dem Alten Testament nach verboten ist.

Neben verschlossenen Austern und verschmähten Schnecken enthält jede vernünftige Meeresfrüchteplatte auch Garnelen.

Wie gewöhnlich sie uns erscheinen! Aber ist Ihnen schon einmal aufgefallen, was für seltsame Wesen sie sind? Haben Sie sich schon einmal, während Sie eine Garnele geschält haben, in ihre Haut versetzt?

Da sehen Sie nämlich gleich die erste Merkwürdigkeit: Die Garnele trägt ihr Skelett außerhalb des Körpers. Noch dazu wechselt sie es alle paar Monate und ist dann mehrere Tage lang wehrlos weich. Welch bizarres Dasein.

Darüber hinaus sind Garnelen äußerst geschwätzige Zeitgenossen. Vornehmlich unterhalten sie sich durch Berührung ihrer Antennen – die ihnen übrigens auch zum Schmecken und Hören dienen. Bei Garnelen gehören Reden, Schmecken und Hören zusammen.

Und sind Ihnen schon einmal ihre Augen aufgefallen? Dieses verstörende Tiefschwarz?

Das Auge der Garnele ist so ganz anders als unseres, weil es nicht durchscheinend ist und das Licht nicht mithilfe einer Linse bündelt. Es ist im Gegenteil vollkommen lichtundurchlässig. Mehr noch, es absorbiert das Licht in winzigen, mit Spiegeln ausgekleideten Höhlen. Diese kleinen Gruben führen das Licht in ihrem Zentrum zusammen, wo die Sehnerven liegen. Dadurch ist der Sehsinn der Garnele extrem effizient: Sie kann in einem Winkel von hundertachtzig Grad sehen und erkennt ihre Umgebung selbst in den trübsten Gewässern.

Nachts leuchtet das Plankton am Meeresgrund wie eine Galaxie. Die Garnele kann dieses Schauspiel im Traum bewundern und sieht die Quallen wie Sternschnuppen vorbeifliegen.

Das Meer ähnelt dem Himmel, sagte die Wellhornschnecke in der Bibel. Und eines Tages kamen die Menschen auf die Idee, die Garnele nachzuahmen, um in den Himmel zu sehen. So beobachten heute die Teleskope der

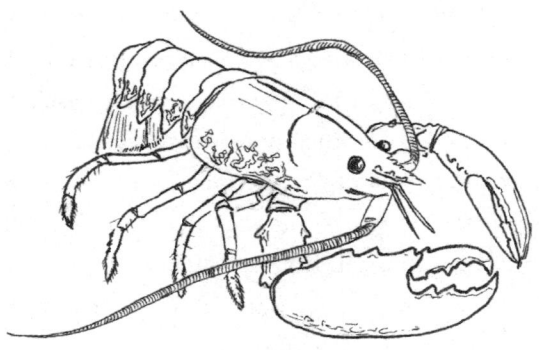

Ein Hummer

NASA, die den Augen der Garnelen nachgebaut sind, nachts die von Galaxien am Rande des Universums ausgesandten Röntgenstrahlen.

Aber der Star der Meeresfrüchteplatte ist nicht die Garnele, sondern natürlich der Hummer. Es scheint nur logisch, dass die edelste und teuerste Speise kaum zu kosten ist, ohne Tisch, Fußboden und Zimmerdecke damit zu besprenkeln und ohne Hammer, Schraubenzieher und eine Kiste Heftpflaster zurate zu ziehen. In manchen Restaurants bekommen die Kinder sogar ein lächerliches Lätzchen umgelegt, damit sie ihre Kleidung nicht beflecken.

Aber der Hummer ist all dieser Ehren wert. So viel Ruhm wird ihm jedoch nicht schon seit ewigen Zeiten zuteil. Da er wie ein monströses Insekt aussieht, haben ihn die Feinschmecker lange verschmäht, und in New Jersey waren die Gefangenen vor zweihundert Jahren nachgerade erleichtert, als sich die Gefängnisverwaltung verpflichtete, ihnen nicht öfter als vier Mal die Woche Hummer zu servieren.

Es stimmt schon, der Hummer ist noch um einiges seltsamer als seine kleine Cousine, die Garnele. Mit seinen behaarten Beinen schmeckt er das Wasser. Er uriniert über die Antennen unter seinen Augen, mit denen er zugleich kommuniziert, es sei denn, er lässt sich lieber ein lautes Dröhnen entfahren. Seine Heimstatt richtet er sich in Grotten im Meer ein, wo er in einer Wohngemeinschaft mit dem Meeraal lebt, der ihm die Reste seiner Mahlzeiten überlässt, ihn dann aber eilends verschlingt, sobald er seinen Panzer abwirft. Der Hummer wächst sein Leben lang, und wenn er eine Zange, ein Bein oder Auge verliert, wächst der betroffene Körperteil unverzüglich nach. Außerdem kann er sich bei Gefahr selbst Glieder amputieren. Er weiß ja, dass sich alles bei der nächsten Häutung wieder erneuert; dabei verlässt er seinen alten Panzer und frisst ihn auf, so dass er gleich das nötige Kalzium für den neuen Panzer parat hat.

Seine Leber, die ihm auch als Niere und Bauchspeicheldrüse dient, ist das grüne Etwas in seinem Kopf, das nur die wenigsten Feinschmecker zu goutieren wissen. Der andere, orange Teil im Kopf sind die Eier, aus denen wunderschöne runde Hummerbabys schlüpfen, die aussehen wie Krabben.

Mayonnaise indes ist im Naturzustand nicht zugegen.

Der Hummer ist wirklich zu sonderbar, um eine Geschichte von ihm zu erzählen, die für jedermann verständlich wäre. Er hält sich zurück, er träumt vor sich hin. Vielleicht denkt er an seinen alten Freund Gérard de Nerval. Dieser Dichter der Romantik, der esoterische und mysteriöse Gedichte verfasste, litt am Ende seines Lebens an Wahnvorstellungen. Er nahm sich einen Hummer als Haustier, legte ihm eine blaue Leine an und spazierte mit ihm durch die Straßen von Paris oder setzte sich mit ihm ins Café. Den erstaunten Passanten erklärte er voller Inbrunst, das Tier gefalle ihm besser als ein Hund. «Ich mag Hummer», sagte der Dichter. «Sie sind ruhig und ernst, sie kennen die Geheimnisse des Meeres ... und sie bellen nicht.»

Unter den Meeresfrüchten sind die Muscheln vermutlich die beliebteste Speise. Miesmuscheln mit Weißweinsauce und Pommes frites – da gischtet es gleich nach Urlaub und Geselligkeit. Diese Schalentiere haben einiges zu erzählen. Sie sind erstaunliche Wesen, ob nun die weiblichen Muscheln, die man an ihrem orangen Fleisch erkennt, oder die gelblich-cremefarbenen Männchen. Sie können am Tag etwa fünfundsechzig Liter Wasser filtern und das Plankton herausfischen. Bekannt ist aber vor allem, dass sich Muscheln mit unheimlicher Beharrlich-

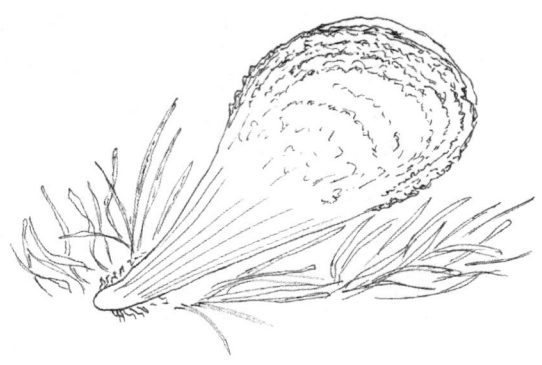

Eine Edle Steckmuschel

keit an ihren Felsen klammern. Dazu dient ihnen ihr Byssus, ein Fadennetz mit außergewöhnlicher Haftkraft, womit sie sich sogar auf Teflon festhalten könnten. Eine überraschende Geschichte entspann sich, als sich die größte Muschel der Welt an der Mittelmeerküste an ihren Felsen legte.

Immer wenn ich im Mittelmeer tauchen gehe, besuche ich ein paar ehrenwerte Wesen, um ihnen wie alten Freunden guten Tag zu sagen. Dazu gehört auch die Edle Steckmuschel. Noch heute wäre es für mich undenkbar, bei einem Tauchgang nicht bei ihr Halt zu machen, diesem verehrungswürdigen Schalentier mit dem bernsteinfarbenen Schein, das die Zeit mit Rotalgen und goldenen Wurmlöchern schmückt.

Über den weiten Wiesen der Neptungräser erhebt sie

sich, die größte Muschel der Welt. Rosafarben, über einen Meter hoch, steht sie da als senkrechtes Oval, was ihr den Spitznamen «großes Eisbein» eingebracht hat.

Als ich sie zum ersten Mal beobachtete, wäre ich im Traum nicht darauf gekommen, dass sich diesem stummen Tier der Mythos vom Goldenen Vlies verdankt.

Der berühmte griechische Mythos erzählt, wie der Prinz Iason das Fell eines goldenen Widders beschaffen muss, um den Thron seines Vaters zu besteigen. Was ihm nach vielen Irrungen und Wirrungen mit Vatermord, aufgeschlitzten Drachen und zerstückelten Kindern am Ende auch gelingt. Die Verbindung zwischen dem griechischen Helden auf der Suche nach einem toten Schafbock und der Riesenmuschel im tiefen Meer ist womöglich nicht auf den ersten Blick zu erkennen. Man müsste vielleicht noch dazusagen, dass das Schalentier den Mythos vom Goldenen Vlies in den Ausläufern des Himalajas hervorgebracht hat – aber selbst dann geht Ihnen wahrscheinlich nicht unbedingt ein Licht auf ...

Die Geschichte hat ihren Ursprung fünfhundert Jahre vor unserer Zeit, in einer Gegend in Zentralasien, die damals Baktrien hieß und heute von ehemaligen Sowjetrepubliken besetzt ist, die auf «-an» enden und mit denen man in Quizspielen glänzen kann.

Eine öde Steppe. Der kalte Wind peitscht den Sand auf, die von Raureif überzogenen Kamele stoßen dichte Schwaden aus und ächzen unter ihren Warenkörben; rundum lauern die Wölfe, die die Karawane nicht aus den Augen lassen, und aasgeierhafte Räuber. Was sind die Händler erleichtert, als sie in der Ferne endlich die Festungsmauern der Karawanserei erblicken!

Nach Wochen in der Wüste ein Unterschlupf und frisches Brot. Die Händler kamen aus Antiochia, einer griechischen Hafenstadt am Mittelmeer, und hatten Ballen aus feinem goldenen Stoff geladen. Wenn ihre Reise ohne Zwischenfälle weiterging, würden sie in ein paar Monaten mit ihrem seltsamen Gut Xi-An erreichen, eine Stadt im fernen Reich der Seres, der Seidenleute, das damals noch nicht China hieß.

Bei jedem Halt begegneten sie anderen Karawanen und machten gute Geschäfte. Manche hatten Elfenbein aus Karthago geladen, andere Bernstein aus der Ostsee, wieder andere Gewürze. Aus dem Seidenland kamen Händler, die auf der Route in entgegengesetzter Richtung unterwegs waren. Sie interessierten sich besonders für die Stoffe der Griechen aus Antiochia. Auf ihren eigenen Jaks transportierten sie Seide.

Unter weihrauchgeschwängerten Arkaden luden die neugierigen Seidenhändler die Griechen ein, ihre jeweiligen Stoffe zu vergleichen. Stolz erklärten sie, dass ihre Seidenrollen von großen Nachtfaltern stammten, deren Raupen einen Kokon spannen; daraus einen so feinen Faden herzustellen war eine zeitaufwendige Arbeit, was auch der Grund war für den hohen Preis. Dann drängten sie die Griechen, die Waren zu zeigen, die diese aus Antiochia mitgebracht hatten.

Mit blasiertem Gesichtsausdruck öffnete ein griechischer Händler einen Stoffballen. Und wie immer folgte ein langes, staunendes Schweigen.

Der Stoff, den der Händler vor den verblüfften Seres ausbreitete, leuchtete wie Gold, er war weich wie Samt und zugleich geschmeidig und fest. In den Säulengängen brandete Unruhe auf: Alle rannten herbei, um den Stoff zu berühren und seinen Glanz zu bestaunen, vor allen Dingen aber um seine Geschichte zu hören. Und so erzählte der Händler mit großen Gesten und mancher Pause, in der die Dolmetscher Atem holen konnten, die Geschichte dieses güldenen Stoffes.

Auf einem weiten grünen Grund in einem blauen Meer lebten riesige Muscheln, die fest am Fels verankert waren. An den Stein klammern konnten sie sich dank ihres Byssus, kleiner fester Fasern, die jedem Sturm und jedem Kraken, der sie abreißen wollte, standhielten. Einmal im Jahr schwammen Taucher zu ihnen hinab, um Fäden von den Fasern abzuschneiden; man brauchte Hunderte Muscheln, um auch nur ein paar wenige Strähnen herzustellen. Ihren goldenen Glanz bekamen diese durch eine geheime Behandlung mit Kuhurin, dann wurden sie gewebt und zu den wertvollen Rollen aus «Meerseide» zusammengelegt.

Von der Beschaffenheit des Stoffes waren die chinesischen Händler begeistert, die Geschichte dagegen konnte sie kaum überzeugen. Sie erschien ihnen doch allzu fantastisch. Muschelseide? Das hatten sich die Griechen doch ausgedacht! Also stellten die Seres Mutmaßungen an. Vielleicht hatten sie die Seide ja aus den Haaren der Sirenenvölker gewonnen, deren Augen Perlen weinten, wie es in manchen Legenden hieß, oder sie stammte von einem Schaf mit Schwimmfüßen, das sich beim Ausstieg aus dem Meer an den Felsen rieb, an denen dann ein wenig von seiner offenbar goldenen Wolle hängen blieb. In zahlreichen in China gefundenen Handelsregistern erklären Händler, dass sie die Geschichte von der angeblichen Herkunft dieser «Meeresseide» nicht glauben.

Die Griechen mussten sich also etwas einfallen lassen, um ihren Kunden eine überzeugende Geschichte zu präsentieren. Und so ließen sie von den Muscheln ab und erzählten stattdessen die Version mit dem Schaf, einfach weil sie sich besser verkaufte. Auf diese Weise wurde das Byssus der Steckmuschel zur Wolle des Meerschafs. Schon bald trieb ganz Eurasien mit der Wolle des goldenen Schafs Handel, ohne dass noch irgendjemand wusste, woher sie tatsächlich kam. Damit war das Goldene Vlies geboren.

Selbst in der Bibel und auf dem Rosettastein ist von dieser Meerseide die Rede. Päpste und Kaiser haben sich mit ihr gekleidet, und der Mythos vom Goldenen Vlies hat ganze Generationen von Künstlerinnen und Künstlern beschäftigt.

Als ich, nachdem ich von dieser Geschichte gehört hatte, zum ersten Mal wieder eine Edle Steckmuschel sah, kam es mir vor, als setze sie ein ironisches Lächeln auf. Eine einfache Muschel hatte einen Mythos erschaffen, indem sie sich an einen Felsen klammerte. Ein augen- und stimmloses Wesen, dessen Dasein darin bestand, aus dem Meerwasser Plankton zu filtern, war zum Urheber eines Gründungsmythos geworden, von dem bis nach China die Rede war. Meine alte Freundin, die unbewegt Schweigende, hatte es faustdick hinter den Ohren.

Aber ich war nicht nur von der Geschichte bewegt, sondern auch aus einem traurigeren Grund. Vielleicht öffnete sich die Muschel, um das tragische Ende ihrer Geschichte zu erzählen. Sie öffnete sich ein allerletztes Mal, weil sie sich nicht mehr schließen konnte. Ein Parasit, der sich wegen der steigenden Wassertemperaturen immer stärker vermehrte, hinderte sie daran. Damit war sie den Kraken schutzlos ausgeliefert, die danach gierten, in die perlmuttfarbene Muschel zu schlüpfen und ein Festmahl abzuhalten.

Trotz aller Bemühungen des Muschelwächters, einer kleinen Krabbe, die der Verbündete und Symbiont der Edlen Steckmuschel ist – sie piekst ihr in die Kiemen, sobald sie einen Kraken erspäht, damit die Muschel sich so schnell wie möglich schließt –, würde diese schon halb geöffnete Muschel nicht mehr lange durchhalten. So viel war mir klar.

In nur einem Jahr sind über neunzig Prozent der Edlen Steckmuscheln von unseren Küsten verschwunden. Ihre einzige Hoffnung besteht derzeit darin, dass die letzten Überlebenden in Aquarien auf dem Land verfrachtet werden, um sie vor dem Parasiten in Sicherheit zu bringen.

Wenn ich bei mir eine Edle Steckmuschel betrachte, eine der letzten, die es hier nach dem Massenmord noch gibt und die nurmehr eine leere Hülle ist, hoffe ich, dass diesem so fantasiereichen Weichtier ein glückliches Wiederaufleben widerfahren wird, damit es seine Geschichte weiterschreiben kann.

Wenn die Meereslebewesen ihre Geschichten erzählen, verbirgt sich dahinter also manchmal auch ein Hilferuf. Dann ist es an uns, dieses Signal zu erkennen, als Ausdruck ihrer Verzweiflung.

Empfehlungen des Tages

Wo die Tiefsee in Styroporschalen ihre Farbe verliert.

Wo ein Kabeljausteak Christoph Kolumbus vom Thron stößt.

Wo ... gezögert wird.

Stellen Sie sich vor, Sie sitzen in einem dieser Restaurants am Meer, wie es sie zuhauf gibt, orange Tische, Sonnenschirme mit Ricard-Werbung, Blick auf den Hafen. Der Kellner reicht Ihnen die Karte. Ich denke immer, im Restaurant zu essen müsste doch eigentlich das größte Vergnügen sein – gäbe es nur nicht die peinigende Qual, sich für ein Gericht entscheiden zu müssen! Viele Unentschlossene, zu denen auch ich gehöre, zaudern, zagen, philosophieren, gefühlt über Stunden, bevor sie dann doch spontan das gleiche Essen nehmen wie ihr Tischnachbar. Eine Tortur für die ganze Runde. Am Ende wirft man schnell noch einen zweiten Blick auf die Tafel mit den Empfehlungen des Tages, befürchtet gar schon, wie Buridans Esel zu enden, während der Kellner hinter einem steht und auf die Uhr schaut.

Also, das Menü mit Vorspeise und Hauptspeise oder mit Hauptspeise und Dessert? Und wenn man schon mal am Meer ist, vielleicht Fisch? Auf der Tafel mit den Tagesempfehlungen steht Rotbarschfilet mit Safranreis ...

Fünfhundert Meter tief im schottischen Meer würde das menschliche Auge nur Schwarz sehen. Zum Glück hat der Goldbarsch, wie der Fisch auf unseren Speisekarten eigentlich heißt, riesige gelbe Augen, mit denen er selbst im Tiefdunkeln noch alles erkennt. Seine Haut ist zinnoberrot, doch da die Farbe in dieser Tiefe vollkommen verschwindet, sieht er düster aus, fast unsichtbar. Sehen, ohne gesehen zu werden, das wäre eine gute Beschreibung für sein Dasein, das er tief unten in den Riffs auf der Lauer liegend verbringt.

Und er hat einiges gesehen seit seiner Geburt, denn er kann sehr alt werden, über hundert Jahre. Die Tiefsee ist ein gutes Konservierungsmittel.

Im kalten Wasser dieser Riffs ist der Grund von Fächern und Spitzen schwarzer Korallen bedeckt, die in der Dunkelheit wachsen. Die weichen, fahlen Blüten der *Lophe-*

lia, durchsichtiger Gorgonien, und die hellen Anemonen bilden eine gespenstische Landschaft, durch die ab und zu ein lumineszierender Fisch irrlichtert.

In diesen Tiefen gibt es kein Sonnenlicht und damit auch keine Pflanzen. Die Landschaft besteht ausschließlich aus Tieren, die ohne die reichhaltige pflanzliche Nahrung sehr langsam wachsen. Die Korallen können sich keinen Garten mit Zooxanthellen halten, jenen kleinen Algen, von denen sie sich normalerweise ernähren, weshalb sie warten müssen, dass ihnen die Strömung mikroskopisch kleine Beute anschwemmt. Ihre Zweige wachsen nur einen Millimeter pro Jahr. Auch die Fische, die in ihren Riffs wohnen, haben es nicht eilig. Der Goldbarsch ist erst mit zwanzig Jahren erwachsen.

In seiner langen Kindheit ist er, immer schön langsam, zahlreichen Gefahren entgangen. Er hat gelernt, wie er dem Seeteufel auf die Schliche kommen kann, der ein Meister des Versteckspiels ist. Braun und warzig wie eine platte Kröte, versteckt er sich am Meeresboden, wo er auf den ersten Blick nicht zu sehen ist. Das Auge des jungen Goldbarschs wird nur von einer phosphoreszierenden Wolke angelockt, die über den Grund zieht wie einer dieser Federbälle, mit denen man Katzen wuschig machen kann. Nicht sieht der leichtsinnige Goldbarsch indessen, wie der Seeteufel direkt unter ihm mithilfe eines langen Fadens auf dem Kopf sein lockendes Federspiel bedient, so dass der Fischerfisch nur das Maul aufmachen muss, um seine Beute in einem großen Schwall einzusaugen.

Vor 42 000 Jahren erfanden die Ureinwohner von Osttimor das Angeln. Aber Fossilien aus der Kreidezeit zeigen, dass der Seeteufel schon vor 130 Millionen Jahren in der Nacht der Tiefsee fischte.

Auch den riesigen Dornhaischwärmen ist der Goldbarsch oft begegnet. Diese kleinen, knapp einen Meter langen Haifische mit den hübschen grünen Katzenaugen und den kupferfarbenen Flanken voller Perlmutt haben einen eleganten langsamen Schwimmstil, vor allem die schwangeren Weibchen, die ihre Kinder über zwei Jahre lang austragen – die längste Tragezeit im gesamten Tierreich, länger noch als bei Elefanten. Wenn die Jungtiere den Uterus verlassen, sehen sie bereits in jeder Hinsicht wie adulte Tiere aus. Vor vierzig Jahren, als der Goldbarsch noch jung war, traf er noch auf gewaltige Schwärme Tausender Dornhaie. Heute sieht er kaum mehr welche.

Manchmal begegnet er in den nicht ganz so tiefen Regionen der Riffs, in ungefähr zweihundert Metern Tiefe, einer besonders seltsamen Kreatur: der Trottellumme. Ein Vogel, der im Meer flügelschlagend weiterfliegt und in die Tiefe taucht, um sich Meereswürmer zu holen. Die Trottellumme sieht aus wie ein friedliebender Pinguin, ist aber in Wahrheit ein kampferprobter Seefahrer. Das ganze Jahr verbringt sie auf offener See, sie taucht ohne Luft zu holen in Rekordtiefen und kommt nur einmal im Jahr an Land, um hoch oben auf den Felsen zu nisten. Nach ihrem ersten Sprung in ihrem Leben, bei dem sie sich einfach in die Tiefe fallen lässt und ins Meer taucht, ist sie auf alle Zeit gegen Angst gefeit.

Doch da, plötzlich durchbricht ein Knirschen die Stille der Tiefsee. In aberwitziger Geschwindigkeit pflügen die rostigen Scherbretter eines Schleppnetzes durch das Riff und reißen in einer riesigen Tasche alles mit sich, eine Spur aus Schlamm hinterlassend. Es bräuchte Jahrtausende Schwerstarbeit durch die Polypen, um das Riff wiederaufzubauen, und Jahrhunderte, bis sich langsam wieder Goldbarsche ansiedeln. Aber das Schleppnetz kehrt unausweichlich zurück, wieder und wieder, und bohrt zehn Mal im Jahr in ein und derselben Wunde.

Ein Schwall schwappt auf die Brücke, die Nylonnetztasche spuckt eine Flut verstörter Wesen aus, die sogleich sortiert werden. Die Korallen und die verirrte Trottellumme werden zusammen mit einer marktwertlosen wimmelnden Masse ins Kielwasser geschwemmt, der Rest von behandschuhten Händen zurechtgeschnitten und umgehend tiefgefroren. Der Goldbarsch wird zum weißen Pflasterstein und bekommt sein Lügenetikett aufgeklebt: «Rotbarsch», ein Name, der den Käufern geläufiger ist und sich daher besser verkauft. Auch der Dornhai wird umgetauft; gehäutet, kopf- und schwanzlos ist der stolze Haifisch nur noch ein rosa Zylinder und kommt als «Seeaal» oder, noch feiner, als «Schillerlocken» in den Handel. In den Schulkantinen dient er sich als «panierter Fisch» an, vor dem die Kinder Grimassen schneiden und der seinen arglosen Räubern einen rekordverdächtigen Quecksilberanteil vermacht. Vom Seeteufel, der für die Marktstände zu furchterregend ausschaut, bleibt nur der Schwanz. Die scharlachrote Livree des Rotbarschs, die Leidenschaft der Dornhaischwärme, die schurkischen Tricks des Seeteufels ... mit einem Netzwurf ist all das nur noch ein Haufen standardisierten rosigen Fleisches. Der Mensch, das kreative Genie.

Also nehme ich wohl doch nicht das Tagesgericht. Na, dann werfen wir nochmal einen Blick in die Karte. Kabeljau mit Sauce vierge. Das scheint mir weniger riskant als ein verkannter Fisch. Ein sicheres Brett, der Kabeljau. Garant für weißes Fleisch und Grätenlosigkeit. Eine kulinarische Komfortzone.

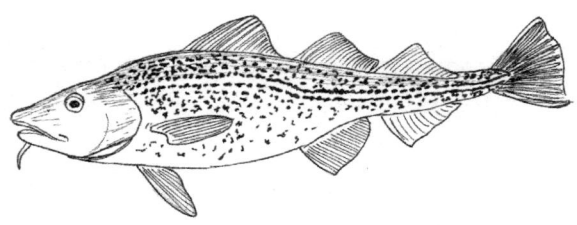

Ein Kabeljau

15 000 Kilometer weiter östlich, in China, stechen Arbeiterinnen mit einer Nadel in einen ununterbrochenen Strom aus Fischfilets, der auf einem Laufband an ihnen vorbeizieht. Was sie den Tieren spritzen, wissen sie nicht, dem Industriegeheimnis sei Dank. Es ist ein Phosphatcocktail. Ebenso wenig wissen sie, wo der Fisch herkommt – aus dem fernen Nordatlantik – oder wo er hingeht – zu Marktständen in ganz Europa.

Die kosmetische Tagespflege mit Phosphaten gibt dem Kabeljau einen verführerischen perlmuttfarbenen Glanz, und die sie verabreichenden Arbeitskräfte sind derart kostengünstig, dass es den Langstreckenflug mit Hin- und Rückreise lohnt. Dessen CO_2-Bilanz wird dazu beitragen, dass das Packeis, unter dem der Kabeljau lebt und das ihm derzeit als Schutz dient, noch ein bisschen schneller schmilzt.

Der Kabeljau ist schon immer viel gereist, als Begleiter der Zivilisation. In unserem Eisfach sieht er schließlich sein heimisches Eis wieder, und hier spielt auch der letzte

Akt seiner Abenteuergeschichte, die so alt ist wie Europa. Es ist die Geschichte eines Fisches, der Amerika entdeckt und der Kriege und Revolutionen ausgelöst hat.

Der Kabeljau – genau gesagt: der Atlantische Kabeljau, wie sein wissenschaftlicher Name lautet – lebt in kalten Gewässern rund um den Polarkreis. Um sich gegen den arktischen Winter und sechs Monate Dunkelheit und Frost zu schützen, bildet er große Schwärme, die sich den ganzen Sommer über an Weich- und Schalentieren satt fressen – daher sein fettes, eiweißreiches Fleisch.

Die Wikinger wussten das, weshalb sie ihn schon im Jahr 1000 n. Chr. fischten und einlagerten. Plattgeklopft, getrocknet und gesalzen, verliert er sein schmückendes Beiwort und heißt einfach nur noch Kabeljau. Er hat jetzt achtzig Prozent seines Gewichts verloren, aber noch denselben Kaloriengehalt und ist drei Jahre haltbar. Für Erik den Roten war er damit der ideale Imbiss auf seinen Schiffsreisen. Die Wikinger verdankten ihm die notwendige Nahrung und Energie, um die gesamte europäische Küste auszuplündern, und im Golf von Biskaya lehrten sie die ausgeraubten Basken, wie man dem Kabeljau sein Adjektiv entzieht.

Darob wurde er zur Leibspeise des damals christlich geprägten Europa, wo jeden Freitag sowie während der gesamten Fastenzeit Fisch auf dem Speiseplan stand, man aber noch keine Annehmlichkeiten wie Kühlschränke oder Deliveroo kannte. Seit Ende des Mittelalters wurde der Kabeljau nach ganz Europa exportiert und mauserte sich zum meistverspeisten Fisch; so entstanden das provenzalische Aioli, der Kabeljau «à l'auvergnate» und tausend andere Speisen, in Gegenden, in denen kein lebender Kabeljau je die Flossen bewegt hat, es sei denn vielleicht in der Eiszeit.

Angesichts des lukrativen Handels mit Kabeljau machten sich die baskischen Fischer auf die Suche nach den riesigen Schwärmen, von denen in den Legenden der Wikinger die Rede war und die man angeblich auf offener See vor der mythischen Insel Vinland im hintersten Westen des Atlantiks finden konnte. So führte die Jagd nach dem Kabeljau die Basken um 1390 bis nach Kanada, Neufundland und Neuschottland.

Sie hatten einen neuen Kontinent entdeckt, vor allem aber ein fantastisches Fanggebiet, wo es von Kabeljau nur so wimmelte. Das hielten sie streng geheim und verzeichneten es nur in einer Handvoll Karten. Ein gutes Fanggebiet teilt man nicht mit anderen. Als hundert Jahre später Christoph Kolumbus' Karavellen in See stachen, war ihr Frachtraum bis obenhin voll mit Stockfisch: von Basken gefangenem und getrocknetem Kabeljau aus ... Amerika.

Da der Fisch auf dem Speiseplan aller großen Entdecker auf den Weltmeeren stand, verbreitete er sich rasch in den neuen Kolonien; auf den Antillen und in Westafrika wird er bis heute gern gegessen, in Teigbällchen oder als Thieboudienne. Die portugiesischen Konquistadoren, die ihm den Spitznamen «treuer Freund» gaben, exportierten ihn nach Brasilien und Kap Verde.

Von nun an ging der Handel mit Kabeljau um die ganze Welt. Um die Kontrolle der «Fanghäfen» in Quebec und Neufundland, wo die wertvollen Fische an Land gingen, gab es zwischen den europäischen Metropolen vierhundert Jahre lang bewaffnete Auseinandersetzungen. Es war die Zeit der Neufundlandfischer, die auf großen Dreimastern bis an den Rand des Nordpols fuhren, um ihre Schiffe mit Filets aus weißem Gold zu füllen, «garantiert grätenfrei».

Mit dem Kabeljau kamen die ersten amerikanischen Staaten zu Reichtum. Als Exportschlager wurde der Kabeljau in Massachusetts sogar zum offiziellen Staatssymbol erhoben und im Repräsentantenhaus in Boston ein «Heiliger Kabeljau» aus Holz aufgehängt. Zur gleichen Zeit stiegen in Frankreich wegen des enormen Verzehrs die Salzpreise so sehr in die Höhe, dass der König eine Salzsteuer erließ, was zu einigen bis heute berühmten Aufständen führte, im Jahre 1789...

Bis ins 20. Jahrhundert hinein war der Kabeljau ein scheinbar unerschöpfliches Manna, wie nur das maßlose Meer es bieten kann. Die Fangtechnik hatte sich seit den Wikingern nicht geändert: Mit Angelhaken bewehrte Seile wurden von den Dories, kleinen Booten mit einem einzelnen großen Segel, abgelassen. Doch dann machte die Erfindung von Motor und Gefrierschrank der Wollmilchsau, die Eier legte – oder besser gesagt Tarama-Eier –, den Garaus. Anstelle der wählerischen Leinen, die den Meeresgrund verschonten, wurde das Habitat der Kabeljaus jetzt mit dem Schleppnetz kahlrasiert, um mit einem Wisch ganze Schwärme zu fangen. Wer wettbewerbsfähig bleiben wollte, musste immer mehr Beute und also auch Jungfische einfahren, bis der Markt gesättigt war und nur noch ein Teil des Fangs tatsächlich gegessen wurde. Vergeudung wurde zum Synonym für Profit. Bei zwei Millionen Tonnen gefangenem Fisch pro Jahr schmolz die herrliche Fülle, die die Menschheit sechshundert Jahre lang ernährt hatte, in nur einem Jahrzehnt dahin.

Die Kabeljauschwärme kehrten nie wieder zurück. Ihr Habitat übernahm ausgerechnet der Hummer, ihre einstige Beute, der die Umkehrung der Verhältnisse ausnutzte, um ihre Eier zu fressen, und damit alle Versuche, sie wiederanzusiedeln, zunichtemachte.

Von den Schwärmen, die früher im Meer vor Neufundland lebten, ist nur noch ein Prozent geblieben. Und auch die meisten anderen übriggebliebenen Bestände des Atlantiks sind im Niedergang begriffen. Trotzdem steht der Fisch in Frankreich nach wie vor ganz oben auf der Speisekarte. Eine sichere Bank, «garantiert grätenfrei». Als wollten sie die Tradition der weiten Reisen fortführen, fliegen die letzten Filetstücke im klimatisierten Flugzeug nach China, um mit Zusatzstoffen vollgepumpt und mit dem traurigen Ende ihrer Geschichte beschwert zurückzukehren.

«Der Herr hat gewählt?» Schon wieder der Kellner... Aber eigentlich hätte ich doch gern etwas Herzhafteres als Kabeljau, auch weil es draußen langsam frisch wird. Vielleicht Tagliatelle mit Lachs? Mit Sahnesauce, die mir auf der Zunge zergehen würde...

Tag für Tag hämmert es aufs Wasser, plack plack, ein faszinierendes Geräusch hallt an der Küste des norwegischen Fjords wider. Wie der Hagel, der im März niederprasselt, nur das ganze Jahr über: Ein Granulatregen trommelt unentwegt auf die Käfige der Aquakulturanlage. Der Lachs muss sich keine Gedanken über sein Menü machen. Morgens, mittags und abends: Granulat. Dabei hat er gar keinen Hunger. Sein Instinkt sagt ihm, er soll Tintenfische und Sardellen jagen, kein Granulat. Deshalb wird es morgens, mittags und abends mit jenem schweren Pheromongeruch gewürzt, der ihn dazu antreibt, es doch zu fressen, auch wenn er gar nicht will, und der im Käfig zu einem hektischen Drängen und Schieben von hundertfünfzigtausend Artgenossen führt, die sich mit fader Nahrung vollstopfen.

Das Granulat, das an ihm vorbeigesunken ist, benetzt den Grund der Bucht und lässt einen üblen Geruch aufsteigen. In diesem trüben Wasser infiziert sich die kleinste Wunde, die sich der Lachs an den Netzen des Käfigs in die Flosse reißt. Er ist jeden Tag krank. Außer dienstags. Denn am Dienstag kommen die Antibiotika hereingeschwemmt, die ihn kurzzeitig wieder gesund machen. Sein Instinkt hätte niemals gewusst, was ein Dienstag ist. Aber jetzt ist Dienstag für ihn der Tag der Verjüngungskur.

Wenn der Westwind in den Fjord bläst, schwankt der Käfig der Aquakultur, dass einem speiübel wird. Die Wellen stürzen übereinander, reflexhaft schleudert sich der Lachs in die Höhe und fällt auf der anderen Seite des Käfigs wieder ins Meer. Mit jedem Zug wird das Wasser klarer, ein Wasser, wie er es sein Lebtag noch nicht gesehen hat, er folgt den Strömungen, begegnet seltsamen wilden Lachsen, die viel schlanker sind als er, und feiert mit ihnen in Strudeln aus leuchtendem Plankton und schillernden Rippenquallen Sardellenfeste.

Doch in diesen neuen Tiefen gibt es keinen Dienstag. Seine alten Krankheiten nagen an ihm, und bald stecken die flauschigen Flecken seiner Pilzflechte die anderen Lachse an, die gegen diesen virulenten Angriff nicht gewappnet sind. Wenn er Glück hat, überlebt er. Im Frühling wird er das instinktive Verlangen spüren, einen Fluss voller Erinnerungen aufzusteigen, um zum Bach seiner Geburt zurückzukehren und dort seinerseits Leben zu schenken. Aber er wurde gar nicht in einem Bach geboren, sondern in einer Plastikwanne. Und so wird er umherirren und den Geruch seines Geburtskunststoffs suchen. Vergebens. Schließlich wird er schwer enttäuscht anderen Lachsen folgen, die genau wissen, wohin sie wollen. Vielleicht gelingt es ihm, mit ihnen die Hindernisse und Netze zu überwinden und mit dem Trotz des Hochstaplers in einen unbekannten Fluss aufzusteigen, in dem er sich ins Liebesspiel der anderen mischt und einer neuen Generation von Zuchtlachsen das Leben schenkt, die ebenso desorientiert ist wie er und niemals das Meer erreichen wird.

«Ah, das tut mir leid, Tagliatelle sind aus, wir haben gerade die letzten beiden Portionen serviert», seufzt der Kellner mit aufgesetztem Bedauern. Na, dann weiß ich jetzt, was ich nehme. «Einmal Brathähnchen bitte.»

Vor der Küste von Peru saugt ein Netz auf einer Breite von mehreren Kilometern die Sardellenschwärme ein, dazu ein paar Delfine und Teufelsrochen, die gerade in ihrer Mitte gespeist haben. Tausendsechshundert Tonnen auf einen Schlag, was für ein Fang. Was macht es da schon, dass die Fische regelrecht zerquetscht werden; es isst sie sowieso niemand. Die Peruanische Sardelle hat viele Gräten, ist zu fett und schmeckt obendrein bitter. Von unseren Tellern bleibt sie fern, aber sie hat nun einmal den Vorteil, dass es sie in Hülle und Fülle gibt. Nachdem man sie an Land gebracht hat, wird sie zu Fischmehl verarbeitet – um damit die Zuchthähnchen zu füttern.

Bitte ... zeichne mir einen Fisch

Wo versucht wird, einen panierten Fisch zum Sprechen zu bringen.

Wo Sardellen plötzlich munden.

Wo das Rezept für die Fischsuppe zum Schutz des Meeres antiken Prinzipien folgt.

«Zeichne einen Fisch.» Als Grundschülern diese Aufgabe im Rahmen einer Umfrage gestellt wurde, kritzelten die meisten Kinder ... ein Rechteck aufs Papier. Für sie sind Fische goldbraune Vierecke, die in Eisfächern leben – und eine große Biodiversität aufweisen, da es auch noch eine zweite Spezies in Stäbchenform gibt, die in der Schulkantine lebt. Eine Erhebung unter neunhundertzehn Kindern zwischen acht und zwölf Jahren hat gezeigt, dass zwanzig Prozent von ihnen zwischen den Tieren, die sich «Fische» nennen und die sie im Fernsehen sehen, und dem Essen auf ihrem Teller mit Namen «panierter Fisch» keine Verbindung herstellen können.

In den Regalen der Supermärkte schweigen die Geschichten des Meeres, übertüncht vom Straßenlärm, gedämpft von dicker Kartonage. In der Stadt ist die Verbindung zwischen dem Menschen und der Nahrung, die er zu sich nimmt, gekappt. Dabei besteht eigentlich von Natur aus eine starke Beziehung zwischen dem Räuber und seiner Beute, sie nennt sich Nahrungskette. Aber in unserer heutigen Gesellschaft haben wir Menschen keinen Platz mehr in dieser Nahrungskette. Wir fangen nicht mehr, was wir verzehren, sondern sehen unser Essen nur noch in Form verarbeiteter Nahrungsmittel und vergessen nach und nach, was für Lebewesen wir da eigentlich verspeisen, ja dass es überhaupt einmal Lebewesen waren. Wir verleugnen sie – für uns sind sie nurmehr industriell hergestellte Speisen. Wir werden taub für all die Geschichten, die sie zu erzählen haben und die ungleich nahrhafter sind als die auf der Verpackung verzeichneten Kalorien. Der Fisch in unserem Sushi ist kein Fisch mehr, allenfalls noch ein «Stückchen Fisch», ein abstrakter Strich. Die dünne, zwischen zwei Toastbrot-Dreiecken eingequetschte Scheibe Lachs ist mundtot gemacht und kann uns nichts mehr erzählen. Uns selbst drückt die Zeit, wir verschlingen sie, ohne ihr Gehör zu schenken, und nehmen nach jedem Bissen rasch einen Schluck Wasser, um sie möglichst schnell hinunterzuspülen.

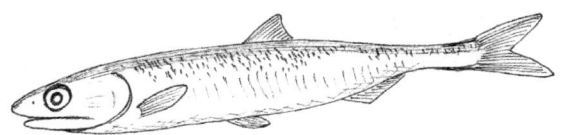

Eine Sardelle

Die Sardellen auf der Pizza zetteln manchmal eine Diskussion an, ebenso wie die Kapern oder die Oliven. Die einen lieben ihren salzigen Geschmack, die anderen ekelt er an. Aber unabhängig davon, welcher Kategorie Sie angehören mögen: Haben Sie sich über Sardellen schon einmal Gedanken gemacht? Über die schimmernden Schwärme mit den zarten blauen Linien, die in den Weiten des Meeres wabern und wogen? Die Schwärme, die die Grundlage von allem sind? Denn die riesige Biomasse dieses Fisches dient Delfinen, Thunfischen, Walen und unzähligen anderen Arten als Futter. Haben Sie schon einmal über das Geheimnis der Sardelle nachgedacht – abgesehen von der Frage, was der Unterschied zwischen Sardellen und Anchovis ist?

Sardellen haben einen seltsamen Kopf. Der weite Schlitz ihres riesigen Mauls reicht bis hinter die Augen, wodurch sie aussehen wie eine Figur aus der «Muppet Show». Mit diesem Schlitz filtern sie das Plankton. Die große Nase beherbergt ein noch kaum erforschtes Sinnesorgan: das Rostralorgan, eine gallertartige Masse, in der

Neuronen sitzen, die mit dem Sehnerv verbunden sind und mit seiner Hilfe vermutlich elektrische Felder wahrnehmen können.

Haben Sie schon einmal über die lange Geschichte nachgedacht, die uns mit den Sardellen verbindet? Über die grenzenlose Begeisterung der Römer für das Garum, jene Sauce, für die Sardellen in Salzlake eingelegt werden und die einen «sehr speziellen» Geschmack hat (die höfliche Version von «furchtbar eklig»)? Sie schmeckt ungefähr wie Nuoc Mam pur, doch die Römer haben für sie umgerechnet hundert Euro pro Liter gezahlt. Manche Historiker sagen, die Verteidigung der Produktionsstätten des Garum im Süden Galliens war einer der Hauptgründe, weshalb Julius Cäsar Frankreich besetzte (mit Ausnahme eines kleinen Dorfes in Armorika ... das vom Sardinenfang leben musste ...). Und haben Sie die neusten Geschichten der Sardellen schon gehört? Etwa wie 2005 der Bestand in der Biskaya unter dem Druck der französischen Fischerei fast vollständig zusammenbrach und quasi im letzten Moment durch den beherzten Einsatz spanischer Fischer gerettet wurde. Wie er sich wieder erholte, nachdem Schutzmaßnahmen ergriffen wurden. Wie die Sardellen heute, mit aller dem Meer innewohnenden Überfülle, der Biskaya wieder Leben einhauchen und ganze Truppen von Walen und Myriaden von Vögeln anlocken. Und wie sich die gleiche Geschichte in allen Meeren der Welt wiederholt, da derzeit jedes Jahr fast 6,2 Millionen Tonnen

Sardellen aus den Ozeanen geholt werden. Das heißt, Jahr für Jahr wird weltweit jede zweite Sardelle gefischt.

Unsere Gesellschaft bringt die Geschichten der Fische, genauso wie die Menschen, zum Schweigen. Unsere Gleichgültigkeit lässt uns verzagen, in einer Welt, deren Komplexität uns überfordert, in der jeder nur der Zeit hinterherrennt und nicht mehr in der Lage ist innezuhalten. Der tiefgefrorene Seehecht sitzt in seiner Packung im Eisfach wie Hunderte Menschen mit Anzug und Krawatte in La Défense. Er wurde kostümiert und in falsche Farben gehüllt. Wie die Anzugmenschen muss er eine Rolle spielen, und diese Rolle hat er sich nicht selbst ausgesucht. Niemand wird kommen und ihn fragen, woher er kommt und wer er ist, niemand wird ihm Geschichten entlocken und ihm zuhören.

Dabei könnten wir, wenn wir uns nur die Zeit nähmen, den Geschichten des Meeres zu lauschen, daran mitschreiben, wie sie weitergehen und wie sie enden. Wir könnten eine Rolle darin spielen. Ich selbst habe im Meer viele solcher Geschichten gehört. Manche sind traurig. Wenn Sie dem Seebarsch lauschen, den ein riesiges Schleppnetz mitten im Winter zur Paarungszeit mit seinem gesamten Schwarm aufliest, wobei es im selben Zug Dutzende Delfine in einer zerquetschten Masse auf die Brücke saugt, wenn Sie den einunddreißig Prozent der Fischbestände lauschen, die weltweit überfischt und damit kurz davor sind, vom Erdball zu verschwinden – dann hören Sie bedauernswerte Geschichten, in denen weit entfernte Bürokraten und skrupellose Lobbyisten das Meer an sich reißen und es bis auf den letzten Euro auswringen.

Aber viele Geschichten sind auch erfreulich und schön. Etwa die von den kleinen Anglerhäfen in der Bretagne – den sogenannten *lieux de ligne*, «Leinen-Orten» –, die passionierte Angler den wilden Felsen und Klippen entlockt haben, indem sie dem Flug der Möwen folgten. Diese Menschen sind voller Respekt für das Element, das sie ernährt. Oder die Geschichte vom Alaska-Seelachs, der zwar in industriellen Rechtecken tiefgefroren und verschweißt wird, aber auf dessen Verpackung ein Label dafür steht, dass in den Eismeeren, aus denen er stammt, Wissenschaftler und Fischer dafür gesorgt haben, dass die Bestände schonend und nachhaltig gefischt werden. Während die Menschheit eine unersättliche Maschinerie füttert, die unkontrollierbar immer weiter überdreht, finden Frauen und Männer Wege, das Leben auf der Erde zu erhalten und das Meer zu regenerieren. Sie entwickeln zukunftsfähige Ideen oder passen die weisen Prinzipien unserer Ahnen an die Gegenwart an.

Wenn Sie genau hinhören, können Sie in Ihrer Fischsuppe gleich mehrere Erzählungen vernehmen. Am Mittelmeer hören Sie in jedem Hafen, dass hier das einzig wahre Rezept gehütet wird: mehr Safran, weniger Weißwein, mehr Anis, längere Garzeit, mit oder ohne Lauch ... Mein eigenes Rezept werde ich nicht preisgeben, um keine ausufernden Diskussionen auszulösen und weil ein Küchengeheimnis auch ein Geheimnis bleiben muss. Aber in einem Punkt sind sich alle Köche einig: Eine gute Fischsuppe muss unbedingt eine große Vielfalt an Felsenfischen enthalten. Den feinen, jodhaltigen Meerjunker, den dezent mundenden Lippfisch der Gattung *Symphodus*, den nach Seegras schmeckenden Lippfisch der Gattung *Labrus*, den kräftigen Drachenkopf. Mindestens sieben Arten sollten es laut Auguste Escoffier sein, dem «König der Köche und Koch der Könige», der die Crêpe Suzette und den Pfirsich Melba erfunden hat. Indes geben viele Köche deutlich mehr Arten in ihre Suppe, vor allem um nicht verkaufte Fische zu verwerten. Diese Vielfalt spiegelt eines der Prinzipien der mediterranen Küstenfischerei wider, die mehr als fünfhundert Jahre lang einen gemeinschaftlichen, ökologisch verantwortlichen Umgang mit dieser heilsbringenden, ja fast utopischen Ressource gepflegt hat.

Im 15. Jahrhundert gründeten die Fischereihäfen des Mittelmeerraums sogenannte *prud'homies*, Organisationen, in denen Fischer aus ihren Reihen Richter wählten, die die Küstenfischerei reglementierten. Noch bevor die Menschheit entdeckte, dass sich die Erde um sich selbst dreht, hatte sie schon begriffen, dass die See allen gehört und dass es, um ihre Früchte gerecht zu teilen, der Solidarität, einer Begrenzung der Fischerausrüstung und einer Diversifizierung der Berufe bedarf. Die Grundprinzipien waren einfach. Jeder sollte so viel essen können, bis er satt war, aber dem Meer sollte nur so viel entnommen werden, wie es geben konnte. Statt destruktiver Konkurrenz legten regionale Fachleute mithilfe ihres gesunden Menschenverstands Regeln für die Aufteilung der Meeresfrüchte fest. Ausrüstung, die zu große Zerstörung anrichtete, wurde verboten. Zudem ließen sie die Fangtechniken und die gefischten Arten regelmäßig wechseln, damit sich nicht alles Augenmerk auf eine Art richtete, das Ökosystem nicht ins Ungleichgewicht geriet und keine Berufe übervorteilt wurden. Die Fischsuppe enthielt folglich ein wenig von jeder Art; dadurch blieben die Bestände erhalten, und das Gericht bekam einen besonders reichhaltigen Geschmack.

Diese Strukturen existieren bis heute, wenngleich die nationalen und supranationalen Gremien sie übergingen, indem sie den industriellen Fischfang subventionierten, der ihre Regeln missachtet. Aber die *prud'homies* verfolgen weiter ihr Gewerbe nach den Prinzipien aus alter Zeit. Allem ökonomischen und bürokratischen Druck zum Trotz und entgegen allen Versuchen, sie zu verbieten, haben sie bis heute überlebt. Dank ihrer Liebe zum Meer und zu ihren Traditionen haben sie sich gegen Wind und Wetter behauptet. Noch heute sieht man in allen Mittelmeerhäfen ihre Pointus, farbenfrohe Boote, als lebendigen Ausdruck einer anderen Epoche, von der wir heute viel lernen könnten. Diese Erinnerungsstücke an ein vergangenes harmonisches Miteinander sind auch ein Korn der Hoffnung, das vielleicht eines Tages wieder neu sprießen wird.

Ich hatte das Glück, viele Einzelheiten und Geheimnisse aus dem Leben der Meeresbewohner zu erfahren. Wenn wir diesen Geschichten direkt auf dem Meeresgrund lauschen können, sind das Momente großer Freude. Aber auch wenn sie von einer Handelsware kommen, von einem Gericht, das uns fern des Meeres serviert wird, ist es ein Vergnügen, sie zu hören. Wer sich für die Herkunft eines Produktes interessiert, für das Lebewesen, von dem er ein verpacktes Stück in der Hand hält, wer sich vorstellt, woher es kommt und wie es im Wasser gelebt haben mag, der stellt damit die zerbrochene Verbindung zur Natur wieder her. Er macht sich eine Skizze von unserem Platz in der Nahrungskette, begreift die Rolle, die er selbst darin spielt. Und entwickelt damit naturgemäß auch Respekt für die anderen Lebewesen.

Seinen Platz im Ökosystem wiederzuerlangen ist ein urwüchsiges Vergnügen. Wenn wir am Strand Muscheln sammeln, werden Urinstinkte geweckt, denen zu folgen unser Gehirn uns eingibt. Es ist die schlichte Freude des Kindes, das Ostereier sucht, oder des Jugendlichen, der Jagd auf Pokémons macht. Aber wir haben diese Freude aus dem ursprünglichen Kontext genommen, in dem das Gehirn unserer Vorfahren sie erfunden hat – dem der Nahrungskette. Unser natürlicher Instinkt hält uns dazu an, die Entnahme von Lebewesen aus dem Ökosystem zu begrenzen, die Ressourcen zu schonen und den geheimen Angelplatz nicht preiszugeben, um immer wieder dorthin zurückkehren zu können. Im Gegensatz zum Supermarkt, der uns dazu drängt, immer mehr zu kaufen, ermuntert uns die Natur, uns zu beschränken. Wenn wir ein Bewusstsein für unseren eigenen Platz und unsere eigene Rolle im Ökosystem erlangen, dann sind wir auch geneigt, es zu bewahren.

Es fiel mir schwer, diese Wurzeln wiederzufinden. Sie durchbrechen nur selten den Asphalt der großen Stadt. Wo, außer in den alten Geschichten, können wir, eingezwängt zwischen Straßen und Mauern, noch die Verbindung zwischen uns und den anderen Tieren erleben? Ich wollte die Geschichten des Meeres erfahren und weitererzählen, um meine Liebe zum Meer mit anderen zu teilen, aber die Stadt entfernte mich nur immer weiter von ihm. In diesem entfremdeten Universum sieht man keine Erde mehr, allerhöchstens auf der Baustelle, und keinen Himmel, nur zerstückelte Wolken zwischen hohen Gebäuden. Niemand geht mehr zu Fuß; alle lassen sich vom Fluss der Transportmittel mitreißen und unterhalten sich nur noch aus der Ferne miteinander, über Wellen.

Sogar unseren Platz im Raum verlieren wir gerade, und das Einzige, was uns bleibt, ist die Zeit. Aber selbst sie spüren wir oft nur noch in Form von Stress.

Als Kind habe ich mir gern die lange Reise des Wassers ausgemalt. Wenn es aus dem Wasserhahn rann, stellte ich mir vor, wie die Tropfen durch die Rohrrutsche sausten und dem Meer entgegenhechteten. Es schien mir, als würde das Wasser aus dem Waschbecken fliehen.

Ich überlegte, dass ich vielleicht eine Schnur in den Abguss abseilen könnte, um eine ganze Spule bis zum Meer abzurollen – oder zumindest bis zum nächsten Fluss. Wie ein Ureinwohner, der ein Loch ins Eis bohrt, stellte ich mir vor, dass Schätze zu mir aufsteigen würden, Fische aus fernen Meeren, solange sie nur dünn genug wären, um durch die Kanalisation zu kommen. Mein Angeln nach den Wundern der Wasserwelt muss meine Eltern so einige Spulen Garn gekostet haben.

Ich brauchte Jahre, bis ich herausfand, dass ich tatsächlich mitten in der Stadt meinen Platz in der Natur wiedererlangen konnte – indem ich eine Möglichkeit fand, den Geschichten der Fische trotz allen Straßenlärms zu lauschen. Ich hatte keine Ahnung, wie nah die Natur mir war, welch überraschende Entdeckungen ich wenige Meter von meiner Wohnung entfernt machen und welchen unglaublichen Tierarten ich unter dem Trottoir begegnen würde.

Aal unter Asphalt

Wo sich das Tor zum unterseeischen Paris öffnet.
Wo der typische Pariser unter der Seine lebt und
ihm ebenso viele Klischees wie Schuppen anhaften.
Wo sich ein Aal so sehr nach der Karibik sehnt,
dass es ihn unsterblich macht.

«Gib mal deine Kreditkarte.»

Die Finger steif vor Kälte, zog ich das feste Kunststoffstück aus meinem Portemonnaie. Im Halbdunkel ergriff es eine behandschuhte Hand. Suchendes Klappern an der Tür. «Total verrostet...» Da, plötzlich, gab der Riegel nach. Die Angeln knirschten. Eine Hand gab mir die Karte zurück. «Der Einkauf hat sich gelohnt... Na dann mal los, Jungs, die Tür ist auf.»

Einer nach dem anderen verschwanden wir in dem tiefschwarzen Tunnel.

Wir waren wie drei Gespenster in unterirdischer Nacht, von unserem eigenen Atem umhüllt. Als wir die

Tür wieder geschlossen hatten, knipsten wir unsere Lampen an. Ein fahler Lichtstrahl schnitt durch die Dunkelheit und malte einen Kreis auf das Kanalwasser. Es war unglaublich klar und still. Ohne die silbernen Flammen der an der Decke tanzenden Spiegelungen hätten wir es gar nicht wahrgenommen.

Unsere Lampen strichen wie Pinsel über den Grund und leuchteten helle Fenster hinein, flüchtige Geheimnisse lüftend. Eine staunenswerte Landschaft: flache Sandtäler mit verstreuten Muscheln und Bierflaschen, weite Weiden aus Wasserpflanzen, Haufen ertrunkener Elektroroller. Je weiter wir in die Gewölbe des Tunnels vordrangen, umso mehr gewöhnten sich unsere Augen an das Licht der Lampen und folgten ihrem übers Wasser fegenden Strahl; die Lampen wurden uns zum zweiten Augenlicht.

Plötzlich leuchteten im Dunkel mehrere Lichtpunkte auf, die aussahen wie Rückstrahler.

«Da sind sie.» Eine nach der anderen erloschen die Lampen.

Der Verkehrslärm lag über uns wie eine alte Erinnerung. Dann und wann brummte eine Metro vorbei, aber nur als Echo, das die Wände des Tunnels in eine melodische Klage verwandelten.

Nur wenige Meter über uns, an der Erdoberfläche: das geschäftige Treiben der Straßen, der Asphalt, der den

Boden versiegelte, die Gebäude, die so hoch waren, dass sie den Himmel in feine Lamellen teilten. Dort oben war Paris. Die Stadt, in der ich mich allzu oft entwurzelt gefühlt hatte, denaturiert. Die Stadt, die mir so lange so künstlich vorgekommen war, die mit ihrer Makadamdecke die elementare Verbindung zur Erde, zum Leben, zu den Elementen gekappt hatte. Aber auch die Stadt, die ich nun liebte. Denn ich hatte ihr versunkenes Geheimnis entdeckt.

Es gibt in Paris zwei Arten von Stadtbewohnern: die, die im Wasser leben, und die anderen.

Ich gehörte zu den anderen, aber immerhin durfte ich eines Tages Bekanntschaft mit der ersten Gruppe machen.

Diese Begegnung verdankte ich einer seltsamen Bruderschaft, der Gang der Pariser Streetfisher.

Sie sind Menschen wie du und ich, sie kommen aus allen Altersgruppen und Vierteln, aber sobald sie ein paar Stunden Freizeit haben, verschwinden sie in den Untiefen des Bauchs von Paris, um mit Stirnlampe und Angelrute bewehrt diese geheime Parallelwelt zu erkunden.

Die Angelrute dient dabei nur als Vorwand, um die merkwürdigen Bewohner dieses Universums aus nächster Nähe betrachten zu können. Die Streetfisher entheben diese Wesen nur kurz ihrer Unterwasserwelt, um sie ihr umgehend wieder zurückzugeben. Wehe dem, der die unterirdischen Ökosysteme von Paris antastet. Denn die Gang hat weitreichende Kontakte und wacht über die Wasserbewohner wie über die eigene Familie. Und sie ist überall, Tag und Nacht, auch in diesem Moment, unter den Straßen, an den Quais, in den Wäldern und Gärten.

Schon bald nahm ich an den geheimen Expeditionen der Streetfisher-Gang teil, und seit ich den Wesen unter den Wellen begegnet bin, sehe ich Paris mit anderen Augen.

Wie die Erdbewohner von Paris sind auch die Wasserbewohner vor allem eins: Pariser. Dieselben Typen, dieselben Charakterköpfe, die man in der Hauptstadt auch sonst antrifft.

Die Pariser Wasserbewohner sind besonders in den schöneren Vierteln elegant und versnobt. An den Quais am Louvre und vor Notre-Dame leben die Flussbarsche. Die Damen sind typische Pariserinnen. Ihr gestreiftes Kleid haben sie in der Farbe des Seine-Wassers gewählt, und wenn der Frühling kommt, streifen sie rote Flossen über. Immer nach der neusten Mode schielend, beäugen sie einander aus den Augenwinkeln, und sowie eine von ihnen einen Leckerbissen, einen Kräutergarten oder glutenfreie Brütlinge erspäht hat, ist gleich der gesamte Schwarm zur Stelle.

An den sonnigen Sandstränden von Paris bräunen sich die Hipster: die Döbel. Ausgestreckt und silbrig glänzend schwimmen sie gegen die Strömung den Fluss hinauf, damit niemand meinen könnte, sie seien Mainstream. Diese Süßwasser-Bohemiens wechseln ihren Speiseplan, wie es ihnen gefällt. Während sie gestern noch geflügelte Ameisen speisten, gebärden sie sich heute als Veganer und nehmen nur ein leichtes Mousse aus abgelagerten Algen zu sich.

Unter den Restaurantbooten tummeln sich die Nachtschwärmer von Paris. Der Flusswels steht erst auf, wenn die Dämmerung hereinbricht, um sich an den Resten gütlich zu tun, die aus den Bullaugen der Küchen geschmissen werden. Dieser schlangenförmig klebrige Fisch ist dermaßen verfressen, dass er unversehens über zwei Meter misst. Wie jeder echte Pariser behauptet er, ursprünglich aus einer anderen Gegend zu stammen. Er kommt nämlich aus Deutschland. Dort schwammen seine Vorfahren durch die Eiszeit, und dort hat er wohl auch seine Vorliebe für Wurstwaren entwickelt, eine Speise, mit der man ihn allzu leicht ködern kann. Nahezu blind, verschlingt er alles, was er mit seinen langen Barthaaren ertastet. Er tyrannisiert die Gewässer der Stadt und lässt weder Ente noch Biberratte ihre wohlverdiente Nachtruhe.

Doch hinter der Maske des verfressenen Räubers zeigt der Flusswels durchaus Familiensinn. Wer im Juni die

Seine entlangläuft und im Wasser die Wurzeln der Trauerweiden betrachtet, kann ein kurioses Spektakel erleben. Schreckenerregende Elternpaare, schwarze Welse mit Schmiss im Gesicht, die aussehen wie urzeitliche Gestalten, stehen wie Esel und Rind beim kleinen Jesuskind vor einer zarten Wiege aus Algen und Wurzeln, um abwechselnd ihre Eier zu bepusten und so mit Sauerstoff zu versorgen. Anschließend wacht das Männchen zehn Tage lang über sein Gelege, bis die Brütlinge selbst schwimmen können.

Bei Hochwasser erleben die Pariser Fische auch, wie sprunghaft die Mieten in der Hauptstadt ansteigen können. Sie versammeln sich an den wenigen vor der Strömung geschützten Orten, unterm Pont de la Concorde oder in einigen Mäandern der Banlieues. Dort geht es dann schlimmer zu als zur Stoßzeit im Regionalzug: In Schwärmen drängen sich die Brassen und Ukeleien im beige-trüben Wasser zwischen Zander und Hecht.

Unter der Oberfläche der Seine und des Canal Saint-Martin leben aber auch rückwärtslaufende Flusskrebse und große perlmuttfarbene Süßwassermuscheln, in denen der Bitterling, ein kleiner Karpfenfisch, seine Eier ablegt. Ausgesetzte Goldfische erholen sich hier von ihrem Leben im Wasserglas und können bis zu ein Kilogramm schwer werden. An die dreißig Fischarten und Hunderte wirbellose

Tiere bevölkern diese unsichtbare, unbekannte Welt. Und jedes Jahr kommen neue Arten in diese Gewässer, deren Verschmutzung stetig abnimmt.

Manche Bewohner aber sind sogar noch diskreter. Unter den Straßen von Paris ist permanent Nacht, und im Dunkel der unterirdischen Kanäle wohnen die Underground-Typen der Nachträuber.

Am Rand der Lichtkegel unserer Lampen leuchteten helle Augenpaare auf. Vorsichtig näherten wir uns ihnen.

Die ersten im Halbdunkel zu erkennenden Konturen wogten lautlos vor sich hin, als wären sie einem Traum entstiegen. Falscher Alarm. Sie waren nicht das, wonach wir suchten, sondern nur langsame Aale, die mit ihrem schlangenhaften Körper und ihrer Moiréhaut durch unsere Lichter schwammen. Wer schon einmal einen Aal gesehen hat, weiß intuitiv, dass diese Fische keine schlichten Köpfe sind, dass sich hinter ihrem seltsam hybriden Äußeren Geheimnisse verbergen.

Wie alle Aale in Europa werden auch die Pariser Aale in der Karibik geboren. Niemand kennt ihren genauen Geburtsort, aber man vermutet ihn in der Sargassosee im Nordosten der Antillen, wo der Aal aus schwindelerregenden Tiefen auftaucht. Die Weidenblattlarven, wie seine

Larven genannt werden, sind nur wenige Millimeter groß und sehen eben wie ein Weidenblatt aus. Sie sind so durchscheinend, dass man mit bloßem Auge nur das Plankton sieht, das sie mit ihren Wellenbewegungen verdrängen. Ihre Zähne sind für ihre Größe riesig, wie Drachenzähne. Um zur fünftausend Kilometer entfernten europäischen Küste zu gelangen, schwimmen sie monatelang ohne Pause im Golfstrom mit. Auf dem Weg machen die Weidenblattlarven ihre Metamorphose durch, bis sie ihr schlangenhaftes Aussehen erlangen und schließlich die Mündungen der Flüsse erreichen, die sie als Glasaale hinaufziehen, gleichsam als Aale en miniature.

Der Übergang vom Salz- ins Süßwasser ist ein osmotischer Schock, den die meisten anderen Fische nicht überleben würden, doch für den Aal stellt er die geringste Herausforderung dar. Hat er sich einmal entschieden, einen Fluss aufzusteigen, um sich einen ruhigen Seitenarm zu suchen, in dem er sich niederlassen kann, hält ihn nichts mehr auf. Wenn der Weg durch den Fluss versperrt ist, kriecht er querfeldein, nötigenfalls auch mehrere Tage lang. Und findet er kein freies Gewässer, lässt er sich noch in das kleinste Rohr oder die kleinste Quelle gleiten, um im Grundwasser unter der Erde weiterzuschwimmen, bis er einen Fluss erreicht.

In seinem Fluss angekommen, wird er immer größer und kräftiger. Bis er eines Tages den Ruf des Meeres vernimmt. Dann streift er ein silbernes Gewand über und schwimmt zur Mündung und weiter bis in die Tiefen der Sargassosee, wo er geboren wurde, um dort zu lieben und zu sterben, Leben zu geben und dabei selbst zu vergehen. All das bleibt sein dunkles Geheimnis. Denn obwohl seit hundert Jahren unzählige Forschungsprojekte durchgeführt wurden, konnte bislang noch niemand den Aalen bis ans Ende ihrer Reise folgen und den Ort ausfindig machen, an dem sie nach sechs Monaten im Meer, ohne Pause, ohne Nahrung, die nächste Generation gebären.

Warum unternehmen die Aale derart hartnäckig eine solch lange Reise, bevor sie ihre Eier legen? Das ist eine alte Geschichte, älter vielleicht als das Meer selbst. Vor Jahrmillionen legten die Aale ihre Eier vor unseren Küsten ab. Der Atlantik war damals noch ein junges, kleines Meer, und Europa und Amerika lagen nahe beieinander. Aber nach und nach entfernte sich Europa durch die Kontinentaldrift vom amerikanischen Kontinent, um einige Zentimeter pro Jahr. Die Aale merkten nichts davon und legten weiterhin ihre Eier an dem Ort ab, an dem sich die Temperatur und die Beschaffenheit des Meeresgrunds dazu eigneten. Den Gewässern ihrer Geburt treu bleibend, passten sie sich laufend an die zunehmende Entfernung an, so dass sie heute Tausende Kilometer weit reisen müssen. Aale sind sehr beharrliche Tiere.

 Sollte unglücklicherweise irgendein unüberwindbares

Ein Europäischer Aal

Hindernis den Aal davon abhalten, zu der Zeit ins Meer zurückzuschwimmen, da sein Schicksal es ihm bestimmt, kann er notfalls eine Ewigkeit warten. Wenn er im Süßwasser festsitzt, legt er sein silbernes Reisekleid ab und zieht sein goldenes Gewand wieder an. Dann wartet er, als wäre ihm Unsterblichkeit geschenkt, bis das Hindernis verschwindet. Scheinbar weigert er sich zu sterben, solange er nicht sein Schicksal erfüllt hat.

Samuel Nilsson war acht Jahre alt, als er 1859 – Victor Hugo schrieb gerade seine «Contemplations» – in dem schwedischen Dorf Bantevik einen Aal in den Brunnen vor dem Haus seiner Großeltern warf. Das galt damals selbst bei einem Achtjährigen nicht als Dummer-Jungen-Streich, sondern war eine gute Möglichkeit, den Brunnen von Insekten und Würmern zu befreien, die das Wasser verunreinigten. Samuels Großeltern waren ihm also nicht böse, sondern beließen den Aal in ihrem Brunnen. Damit wäre die Lausbübigkeit im Grunde vergessen gewesen –

was Samuel indes nicht wissen konnte: dass noch seine Urgroßenkel die Geschichte zu hören bekommen sollten. Er taufte den Aal «Åle», kein sonderlich origineller Name, da es einfach das schwedische Wort für Aal ist.

Weil der Brunnen keinen Abfluss hatte, konnte der Aal nicht zum Meer schwimmen. Also wartete er. Die Monate und Jahre gingen ins Land. Samuel Nilsson wurde groß und verließ das Haus, und Victor Hugo schrieb «Die Elenden». Nach und nach gewöhnten sich die Augen des Fisches an die Dunkelheit. Jahrzehnte vergingen. Das Haus wechselte den Besitzer, Generationen kamen und gingen. Victor Hugo wurde ins Panthéon gebettet, der Mensch erfand das Auto, dann das Flugzeug, es folgten zwei Weltkriege, nukleare Katastrophen, und Neil Armstrong betrat den Mond. Der Aal aber blieb in seinem Brunnen und wartete. Die Welt feierte neue Entdeckungen und Revolutionen – Åle hockte in dem Brunnen und tauchte dann und wann in den vermischten Meldungen der Lokalzeitung auf. Eines Tages schenkte man ihm sogar eine Gefährtin, damit ihm nicht gar so langweilig war.

In Japan kam die luxuriöse Mode auf, Aallarven zu verspeisen, die aus aller Welt importiert wurden. Der einst überreich vorhandene und sogar schädliche Fisch schrumpfte in seinem Bestand in ganz Europa und wurde als vom Aussterben bedrohte Art eingestuft. Weltweit ging die Aalpopulation um neunzig Prozent zurück. Doch davon wusste Åle nichts; er hatte beschlossen, so lange zu leben, bis er einen Ausweg aus diesem Brunnen fand, um zur Sargassosee zu schwimmen. Die Zeit hinterließ bei ihm keine Spuren.

Im Sommer 2014, zu Kräftskiva, dem Krebsfest, nahm die Geschichte jedoch ein tragisches Ende: Unter dem schlecht schließenden Brunnendeckel heizte sich das Wasser so sehr auf, dass Åle gekocht war, als man ihn fand. Er wurde 155 Jahre alt. Seine Gefährtin, die selbst im Alter von 110 Jahren noch keinen Namen besaß, überlebte und wartet bis heute in ihrem Brunnen. Über hundert Jahre hat dieser Aal nun gewartet. Hat er am Ende Geschmack an der Ewigkeit gefunden? Oder hat er nur überlebt, weil er hofft, eines Tages doch noch sein Schicksal zu erfüllen? Würde man ihn heute in einem freien Gewässer aussetzen, wie würde sich das für ihn anfühlen, befreit inmitten einer neuen Welt, mit den letzten Überlebenden seiner Art? Würde er mit unverhoffter Freude die Ewigkeit des Brunnens verlassen und sich ins Meer stürzen, in die Reise ohne Wiederkehr, zur Sargassosee?

Wir waren an diesem Abend jedoch nicht in den dunklen Kanal hinabgestiegen, um Aale zu beobachten.

Deshalb setzten sich unsere Lampen wieder in Bewegung und fegten weiter über den kiesbedeckten Grund. Unterhalb der Böschung klammerten sich Hunderte Körbchenmuscheln an die Platten aus spitzem Stein, der durch die kleinen Muscheln aussah, als wäre er verputzt. Kaulbarsche, fast durchscheinende Fische mit dorniger Rückenflosse, hüpften auf die Platten, und wenn sich das Licht auf ihrer Netzhaut brach, blitzten ihre Augen wie Irrlichter. Fahle Plötzen schreckten im Schlaf auf. Dann und wann überraschten wir einen goldbraunen Karpfen, der sich träge und gelassen aus dem Staub machte. Immer sahen wir nur den runden Lichtkegel unserer Lampen, in dem sich die Schatten der Fische abzeichneten wie die Konturen von Schauspielern im Rampenlicht. Gleich Schlafwandlern bewegten wir uns durch die Kälte und den unterirdischen Widerhall. Unter der Decke fiepten die Fledermäuse wie quietschende Bleistiftspitzer. Auf dem Quai gegenüber hob ein Reiher auf einem Bein stehend ab und flog wie ein Gespenst davon.

«He! Da unten ist einer!» Am Grunde der Dunkelheit war die Netzhaut zweier perlmuttfarbener Augen aufgeblitzt, rund und groß, und ich meinte, ein braun gedrungenes Etwas erkannt zu haben. Langsam entfernten sich die leuchtenden Augen.

Es war ein Zander, der Räuber der Nacht. Seinetwegen waren wir hier. Ein Fisch mit spitzen Zähnen, zwischen Hecht und Barsch, der misstrauischste aller Fleischfresser, den man so gut wie nie zu Gesicht bekommt. Ganz langsam mussten wir uns ihm nähern, um ihn nicht zu verscheu-

Ein Zander

chen, nur mit der Kante des Lichtkegels seinen Schatten streifen, während er im düsteren Wasser dahinschwamm.

Wie wir dieser flüchtigen Schimäre durch ihr unterirdisches Universum folgten, überkam mich ein merkwürdiges Gefühl, mit einer Wucht, die zeigte, dass es mir nicht unbekannt war. Ein Gefühl urwüchsiger, animalischer Fülle, ein Dasein mit allen Fasern, auf der Lauer liegend, Blick, Herzschlag und Gedanken von der Beobachtung der Natur eingenommen, eins mit dem Wasser, dem Leben. Ich suchte nach Anzeichen, um die Bewegungen des Fisches vorauszuahnen, und wurde selbst zum Jäger, der nach Beute sucht. Dabei musste ich wieder an den Faden denken, den ich als Kind in den Abfluss des Waschbeckens hinuntergelassen hatte, um damit bis ins offene Meer zu gelangen und mir einen Fisch zu angeln. Dieser Traum war keine Träumerei, die Wildnis greifbar nah. Sie wartete im Verborgenen auf mich. In einem Tunnel zehn Meter unter dem Pariser Beton hatte ich bei der

Erkundung eines unterirdischen Kanals den Faden wiederaufgenommen und diesen ursprünglichen Platz in der Stufenleiter der Natur wiedergefunden.

Mit dem Ziel, in der Natur zu überleben, hat uns die Evolution so verdrahtet, dass es uns glücklich macht, wenn wir einer Beute folgen oder einem Räuber entkommen. Nahmen unsere Vorfahren in der Natur irgendein Anzeichen wahr, das auf eine dieser beiden Situationen hindeutete, belohnte das Striatum im menschlichen Gehirn sie durch die Ausschüttung von Dopamin, einer wahren Glücksdroge. Das sicherte ihr Überleben. Denn sie fanden ihr höchstes Vergnügen in allem, was sie essen konnten oder was ihnen half, nicht gegessen zu werden. Die Freuden unserer Ahnen: den Gesang eines Vogels zu vernehmen, essbare Früchte zu entdecken, die Fährte einer Beute aufzunehmen ... oder einen heranschleichenden Feind abzulenken. Unser Striatum ist nach wie vor voll funktionsfähig, nur hat ihm unser modernes Leben die Orientierung genommen, weshalb es nurmehr vergebens nach Entsprechungen für diese urtümlichen Freuden sucht.

«22, ein ganzes Flusskommando!»

Wie viel Dopamin wohl in mir ausgeschüttet wurde, als am Ende des Tunnels zwei Scheinwerfer aufleuchteten, ein Malinois bellte und der Widerhall von Stiefelschritten vernehmbar wurde? Auf jeden Fall nahm ich jäh meinen wahren Platz in der Nahrungskette ein. Als Jäger der Fische wurden wir jetzt zur Beute der Gendarmerie.

Von den Pariser Gewässern in Beschlag genommen, hatten wir das Schild «Zutritt verboten» übersehen, das irdische Pariser vor dem Eingang aufgestellt hatten. Die aufgehebelte Tür war nur noch eine ferne Erinnerung. Doch der Instinkt des Beutetiers begreift schnell, und noch bevor man anfängt zu überlegen, hat sich schon ein Schub Adrenalin ins Dopamin gemischt. Wir rannten in Richtung Ausgang.

Die Angelegenheit nahm nicht gerade ein glorreiches Ende, aber zumindest kamen unsere Verfolger unserem primitiven animalischen Instinkt nicht hinterher. Wir hatten sie abgehängt, noch bevor ihnen aufging, dass wir an diesen streng verbotenen Ort nur gekommen waren, um Fische zu betrachten.

Wieder im Freien, im gelben Licht der Straßenlaternen, nahm unser missliches Geschick sogleich Züge einer urbanen Legende an. «Der Hund hatte aber ziemlich schlechte Laune. Und keinen Maulkorb! Nur gut, dass wir nicht über die Kabel gestolpert sind.» – «Was hätten die uns aufgebrummt, wenn sie uns geschnappt hätten?» – «Keine Ahnung. Aber ich würde sie auch nicht unbedingt noch danach fragen wollen.» – «Im Dunkeln rennen ist aber ganz schön anstrengend...» – «Der Zander hatte an die zehn Kilo auf den Rippen. So ein fettes Ding habe ich noch nie gesehen.» – «Ja, und die Aale! Die waren teilweise so dick wie mein Oberschenkel.» – «Wären die Bullen nicht gekommen, hätten wir uns den Zander geschnappt. Das wäre mal ein schickes Foto geworden!»

Unser Abenteuer wurde immer dramatischer. Der Tunnel dunkler, der Zander größer, die Gendarmen furchteinflößender. Unsere atemlosen Ausrufe wurden zum Medium, durch das die im Dunkel verborgenen Fische ihre Geschichte erzählten.

Auch wenn wir uns den Zander nicht geschnappt hatten, war zumindest eine hübsche Story für uns herausgesprungen.

Seeschlangen

Wo es sich lohnt, für nicht existierende Arten zu kämpfen, um sie zu schützen.
Wo wir den denkwürdigen Roman des Schiffshalters der Römer entdecken.
Wo es Seeschlangen gibt, die noch dazu Erdbeben voraussehen.

Wie sah der Meeresgrund vor zehntausend Jahren aus, noch bevor sich der erste Taucher auf Entdeckungstour machte? Wir können uns leicht vorstellen, wie die Erde vor der menschlichen Zivilisation aussah, überwachsen von dichten Wäldern und wilden Steppen, ohne Städte, Straßen, Stromkabel und Kultur. Aber wie mag das Meer ausgesehen haben?

Zuerst einmal war es sicher viel stärker bevölkert. Auf jedem noch so kleinen Mittelmeerstrand wimmelte es von Mittelmeer-Mönchsrobben. Die *phoques moines*, wie sie auf Französisch heißen, waren auf den türkischen Inseln so zahlreich, dass sie dem Volk der Phokäer seinen Namen gaben, dessen Reisende an der Küste der künftigen Provence die «phokäische Stadt» gründeten, Marseille.

Heute gibt es nur noch fünfhundert Mittelmeer-Mönchsrobben, die versteckt in fernabgelegenen Grotten leben.

In der Beringstraße grasten bis vor dreihundert Jahren riesige Herden von Seekühen die Algenwiesen ab. Die Stellersche Seekuh konnte bis zu acht Meter lang werden. Die letzte ihrer Art wurde vor zweihundert Jahren erlegt.

Nun, da ich diese Zeilen schreibe, zählt man nur noch zehn Vaquita-Wale, die kleinste Walart der Welt, ein schwarz-weißer Schweinswal aus Kalifornien. Und die Populationen der großen Fische sind in den letzten hundert Jahren weltweit um zwei Drittel geschrumpft.

Das ist ein alarmierender Befund. Wir haben allen Grund, uns über das Aussterben der heute noch lebenden Tierarten Sorgen zu machen. Nur, wer sorgt sich um Lebewesen, die es gar nicht gibt? Denn sie sind ebenfalls zuhöchst bedroht!

Was ist zum Beispiel aus den Seeschlangen geworden, die – wenn wir den Seefahrern Glauben schenken – einst so zahlreich waren, dass sie Schiffe versenkten? Wer von uns hat in den letzten zweihundert Jahren noch Sirenen gehört? Wo sind die Tritonen, wo die Riesenkraken? Sind diese Tiere, ohne je existiert zu haben, schon im Begriff zu verschwinden?

Wie gern hätte ich die Meere der Vorgeschichte erlebt. Denn sie waren nicht nur von unzähligen Fischen, sondern auch von Geschichten bevölkert. Wie der Name nicht verrät, sind in der Vorgeschichte die Geschichten auf die Welt gekommen. Ohne Schrift und ohne die kleinste Notiz lebten sie nur in der Vorstellung derer, die sie hörten, und entwickelten sich weiter, indem sie weitergegeben wurden. Sie waren frei und flüchtig wie das gesprochene Wort.

Um sich die Welt zu erklären und besser vorstellen zu können, ersannen die Menschen Legenden; der kleinste Wasserpfuhl war voller Mythen und Fantasien. Das Meer der Menschen in der Vorgeschichte wimmelte von unglaublichen Kreaturen, übernatürlichen Wesen und phantasmagorischen Bestien. Ein Urmeer, bevölkert von herbeifantasierten Lebewesen.

Eines Tages jedoch, um 3400 v. Chr., erfand der Mensch die Schrift. Die Gelehrten kamen und wollten aufschreiben, was sie von den Meereswesen wussten, weil sie versuchen wollten, sie zu verstehen. Ihnen verdanken wir

Zeugnisse von unschätzbarem Wert über diese einstmaligen Wesen – aber auch das Verschwinden zahlreicher Kreaturen, die sie für allzu fantastisch hielten. Sie dekretierten, dass diese Geschöpfe gar nicht existierten.

Plinius der Ältere, ein Gelehrter aus dem Alten Rom und hoher Beamter der Provinz Gallia Narbonensis, des heutigen Okzitanien, hatte sich vorgenommen, das gesamte Wissen seiner Zeit zu bündeln. Seine «Naturalis historia» erschien im Jahr 77. Band IX ist dem Meer gewidmet und bietet ein prachtvolles Panorama der Meeresbewohner, die zu Zeiten der Römer die Gewässer bevölkerten. Plinius zufolge gab es damals exakt vierundsiebzig Fischarten und dreißig Krustentiere. Und er schien sich seiner Zahlen sehr sicher zu sein!

Um sein Werk zu schreiben, hat Plinius angeblich über zweitausend Bücher von über fünfhundert Autoren gelesen, wozu er noch seine eigenen Beobachtungen hinzufügte. Offenbar ließ ihm sein Amt in Gallien reichlich Freizeit. Er sammelte alle ihm seriös erscheinenden Berichte und gab die anderen dem Vergessen anheim. Manche Passagen seines Werkes werden von der heutigen Wissenschaft bestätigt. Zum Beispiel hatte er schon vor zweitausend Jahren erkannt, dass der im Mittelmeer lebende Schriftbarsch ein synchroner Hermaphrodit ist, sprich: zugleich Männchen und Weibchen. Oder dass der Zitterrochen ovovivipar ist und seine Eier in der Gebärmutter ausbrütet. Auch war ihm aufgefallen, dass Seehunde tief schlafen. Heute wissen wir, dass sie genau wie Menschen eine REM-Phase haben, in der sie träumen. Plinius – der noch nichts von Neurologie wusste – glaubte, die linke Flosse, die im Schlaf unterm Kopf des Tieres liegt, besitze eine schlaffördernde Wirkung.

Plinius schrieb aber auch märchenhaftere Passagen, die die Glaubenssätze und die Wissenschaft seiner Zeit widerspiegeln. So würzte er die Beschreibungen über das Verhalten des Gestreiften Schiffshalters mit pikanten Zusätzen. Der Schiffshalter hat eine Saugplatte auf dem Kopf, mit der er sich an größere Fische andocken kann, um kostengünstig mit ihnen mitzureisen und die Überreste ihrer Mahlzeiten aufzuschnappen. Plinius zufolge war dieser kleine klebrige Fisch in der Lage, Boote, an die er sich heftete, zu verlangsamen oder gar zum Halten zu bringen. Für die Seefahrer der damaligen Zeit lag diese Eigenschaft auf der Hand: *Remora* – so der wissenschaftliche lateinische Name des Schiffshalters – bedeutet Verzögerung. Am 2. September 31 v. Chr. wurde in der Schlacht bei Actium zwischen Marcus Antonius und Octavian die Nachfolge Julius Cäsars als römischer Herrscher entschieden. Die Flotte des Marcus Antonius war der seines Gegners zwar zahlenmäßig überlegen und hätte eigentlich den Sieg davontragen müssen, doch wurden ihre Galeeren von irgendeiner rätselhaften Kraft gebremst, bis sie schließlich stehen blieben.

Das brachte Octavian einen strategischen Vorteil, und er errang den Sieg. Plinius war der festen Ansicht, dass der Schiffshalter hinter dieser unerwarteten Wende steckte.

Manche Fische, die Plinius beschrieb, hatten schon Ähnlichkeit mit heutigen Arten, etwa der Rote Thun, dessen Maximalgewicht er auf vierhundert Kilogramm schätzte (der derzeitige Rekord liegt bei vierhundertdreiundzwanzig Kilogramm).

Aber in Plinius' Gewässern schwammen auch zehn Seemeilen lange Wale, die einen solchen Umfang hatten, dass sie sich nicht fortbewegen konnten, ohne einen Sturm auszulösen, und im Indischen Meer lebten Schildkröten, mit deren Panzer man ein ganzes Haus hätte abdecken können. Auch wusste Plinius angeblich aus sicherer Quelle, dass die Tritonen, Amphibienmenschen, in den Grotten laut klappernd mit Muscheln spielten. Leider wurden diese Wesen schon seit längerer Zeit nicht mehr gesichtet.

Je mehr Seiten die Gelehrten in ihren Bestiarien füllten, desto mehr neue Arten wurden entdeckt – und andere ausgelöscht. Doch je größer das Wissen wurde, umso mehr zogen sich auch die Tiere der Legenden zurück.

Noch im Mittelalter enthielten die Bestiarien Meeresungeheuer. Die Wale dagegen hatten ihre unüberschaubare Größe eingebüßt. Dafür wurden sie von manchen Seefahrern mit Inseln verwechselt, wie es heißt, weshalb die Seeleute ihre Schiffe an ihnen vertäuten, da sie sich auf Landgang wähnten. Wenn sie allerdings, wie sie es immer taten, ein Feuer entfachten, entbrannte das Tier vor Wut und riss die gesamte Besatzung mit Leib und Gut in die Tiefe.

Damals gab es noch keine Apps, um Bilder zu teilen. Auch war niemand in der Lage, Dinge aus dem Stegreif zu zeichnen. Dazu brauchte man Feder und Tinte und somit auch einen Tisch. Daher waren alle Skizzen und Beschreibungen durch die Erinnerung und Nacherzählung verzerrt und die Meere voller vom menschlichen Geist überhöhter Wesen.

Aber das Wissen gewann allmählich an Land – und damit auch die Genauigkeit. Naiv an etwas zu glauben geriet aus der Mode; fortan hieß es, Beweise zu erbringen. Infolgedessen wurden die Tritonen mangels Indizien für ihre Existenz von der Erde verbannt. Den Walen hing zwar immer noch verschiedenartigster Aberglaube an, doch bald glaubte zumindest niemand mehr, dass sie einst für Inseln gehalten wurden.

Die Wissenschaften formalisierten sich, und im 18. Jahrhundert bildete sich die Taxonomie heraus. Damit eine Art anerkannt wurde, musste sie nun mit einem wissenschaftlichen Namen benannt werden, auf Lateinisch und Griechisch, und es mussten Beweisexemplare vorgelegt werden. Als einer der Ersten klassifizierte der Schwede Carl von Linné mithilfe eines formalisierten Verfahrens Tausende von Arten. Dass er zum Pionier der Nomenklatur wurde, ist eine vielsagende Ironie der Geschichte, da er selbst im Laufe seines Lebens neun Mal den Namen änderte, um schließlich den Namen einer anderen Art anzunehmen, der Linde auf dem Bauernhof seiner Familie, die im latinisierten Schwedisch *Linnaeus* heißt. 1758 verzeichnete Linné in seinem «Systema naturae» 4400 Tier- und 7700 Pflanzenarten, jeweils mit einem wissenschaftlichen Namen versehen. Jede Art wurde auf einem eigenen Blatt eingetragen und bekam einen Platz im Baum des Lebens. Gab es zu wenige Belege für ihre Existenz, strich er sie wieder von der Karte. Auf diese Weise verschwanden massenweise Meeresungeheuer, ein wahres Massaker an Fantasiewesen. Fürderhin wurde Kreaturen, die keinen Beweis für ihre Existenz vorlegen konnten, sogar das Recht auf einen Namen abgesprochen. Man verweigerte ihnen das Lebensrecht.

Ob Linné angesichts des bedenkenlosen Pragmatismus seiner Unternehmung Gewissensbisse hatte? So ehrenwert sein wissenschaftliches Vorhaben auch war, es machte ihn offenbar blind. Erst als er nach einem Namen für den beeindruckenden Blauwal suchte, das größte Tier aller Zeiten, das zu unzähligen Mythen und Übertreibungen Anlass gab, ließ der strenge Schwede die Zügel los, und seine Fantasie gewann die Überhand. Zum Ulk nannte er den Wal *Balaenoptera musculus*, «Mäuschenwal».

Den Schiffshalter sprach Linné schließlich von aller Schuld am Ausgang der Schlacht bei Actium frei. Er wusste zwar nicht, wer die Galeeren von Marcus Antonius zum Stillstand gebracht hatte, war sich aber sicher, dass ein gerade mal vierzig Zentimeter langer Fisch nicht dazu in der Lage wäre. Damit beraubte er ihn seiner magischen Fähigkeiten – immerhin war er aber großmütig genug, die Erinnerung an das Ereignis im Namen des Fisches festzuhalten: *Echeneis naucrates*, «Der die Schiffe verlangsamt».

Es dauerte bis zum Jahr 2018, ehe ein Team von Physikern mithilfe ausführlicher Berechnungen und Simulationen das Geheimnis um den Schiffshalter endgültig lüften und Marcus Antonius' Niederlage erklären konnte. Grund dafür war ein plötzlicher Absturz der Wassertiefe kurz vor der Küste, der ein seltenes hydrodynamisches Phänomen zur Folge hatte: eine Einzelwelle, die sich gegen die Fahrt der Flotte stellte und sie zum Stehen brachte.

Die großen meereskundlichen Expeditionen des 19. Jahrhunderts machten den Meeresungeheuern, die nie existiert, aber die Meere in der Vorstellung der Seefahrer jahrhundertelang bevölkert hatten, endgültig den Garaus. Die Skizzen wurden realistischer und detailgetreuer, bis sie von Fotografien abgelöst wurden.

Die heutigen Wissenschaftsschiffe, die den Meeresgrund erkunden, zeichnen DNA-Sequenzen von Lebewesen auf, die sie nicht einmal sehen können. Sie entnehmen dem Plankton mit Spezialnetzen Proben und führen sogenannte Massensequenzierungen durch, die ihnen Einblick in das gesamte Erbgut der gefangenen Arten gewähren. So wurden noch auf dem Grund des Marianengrabens, des tiefsten Punkts der Weltmeere, in einer Tiefe von 10 900 Metern Fische beobachtet. Die Riesenkalmare, die einst in Träumen und auf Radierungen die Schiffe im Meer versenkten, wurden gefilmt und vermessen. Mit einem Mausklick können wir uns vom Sofa aus auf dem Computer Wale ansehen und erkennen auf den ersten Blick, dass sie mitnichten Inseln gleichen.

Wo gibt es noch einen Ort zum Träumen, nun, da die Ungeheuer aus unserer Vorstellung gejagt wurden und uns hochauflösende Videos alle Tiefen des Meeres in Farbe ausleuchten? Wie können wir neue Geschichten erzählen?

Denn wir alle haben ein tiefes Bedürfnis, zu glauben und zu träumen.

Als ich einmal an einem Strand in Neuseeland im Meer schwamm – ein Urlaub zwischen zwei Ausfahrten auf der Suche nach der Japanischen Seriola –, sah ich plötzlich mitten in der Badestelle zwei bläuliche Rückenflossen aus dem Wasser aufblitzen. Ich wagte mich näher heran, weil ich vermutete, es handele sich um einen Rochen, als ich sah, dass es ein Blauhai war. Ich kannte diese Art, weil sie auch im Mittelmeer heimisch ist.

Diese friedliebenden Tiere haben eine wunderschöne Färbung und leben normalerweise weit draußen im Meer. Hier hatte einer offenbar die Orientierung verloren und war aufgrund der zu geringen Wassertiefe gestrandet. Ich machte ein Erinnerungsvideo von unserer Begegnung und führte den Hai, ihn weiter filmend, hinaus aufs offene Meer, wo er schließlich in den blauen Weiten verschwand. Um das Video mit Freunden zu teilen, veröffentliche ich es im Internet.

Überrascht entdeckte ich ein paar Monate später einen Artikel der australischen «Daily Mail». Unter einem Bild aus meinem Video stand die Zeile: «Ein furchtloser Neuseeländer fängt mit bloßen Händen einen menschenfressenden Hai». In seiner Begeisterung über das Video hatte ein Journalist, dem ich die Angelegenheit zwar genau, aber leider auf Französisch erklärt hatte, eine haarsträubende Geschichte erfunden und aus dem freundlichen Hai ein blutrünstiges Monstrum gemacht. Selbstredend war der Artikel von Kommentaren umrankt, in denen faszinierende Debatten geführt wurden. Ein Nutzer empörte sich: «Ein Verbrecher ist der Mann! Lässt den Hai einfach entwischen. Was, wenn der zurückkommt und unsere Kinder frisst?!», ein anderer entgegnete: «Haie sind vom Aussterben bedroht, Kinder wohl kaum. Insofern würde ich eher sagen, ein Held.»

Der Blauhai ernährt sich von kleinen Beutetieren wie Sardellen. Menschen dagegen greift er nicht an. Deshalb kontaktierte ich den Journalisten, erklärte ihm den Umstand und bat ihn, die Aussage richtigzustellen. Worauf er allerdings nur den Ausdruck «menschenfressenden Hai» in «womöglich menschenfressenden Hai» änderte. Worauf ich ihm wiederum antwortete, er sei auch «womöglich» ein guter Journalist; womöglich verstand er sogar die Ironie meiner Replik. Doch wie dem auch sei, er ließ sich nicht von seiner Haiangst abbringen.

Warum haben die Menschen Angst vor Haien, obwohl uns alle Statistiken sagen, dass selbst Toaster jedes Jahr zehn Mal so viele Opfer fordern wie alle Haie zusammen? Vermutlich liegt es an dem uralten Bedürfnis, mit etwas konfrontiert zu sein, was uns übertrifft, dem Bedürfnis, uns unsere Bedeutungslosigkeit gegenüber der

Natur und ihren übernatürlichen Kräften zu vergegenwärtigen. Weil wir keine natürlichen Feinde mehr haben, fasziniert uns die Möglichkeit, dass es vielleicht doch noch welche geben könnte. Dass dieses imaginäre, unsere Macht übersteigende Raubtier uns nachstellen und uns so unseren verlorengegangenen Platz in der Nahrungskette und den Kreisläufen der Natur vor Augen führen könnte. Mangels echter Meeresungeheuer müssen wir uns selbst welche erfinden.

Mit unserem modernen Realismus haben wir die Ungeheuer so gründlich ausgerottet, dass es scheint, als wolle die Natur uns beweisen, dass wir besser doch an sie glauben sollten. Und so ist die Wirklichkeit bisweilen grotesker als alle Legenden.

Hunderte von Jahren ist die Seeschlange durch die Geschichten der Seefahrer gespukt. Dann kam die Wissenschaft und beschloss, dass es keine Seeschlangen gebe und sie nur eine Erfindung seien, der Fantasie der Seefahrer entsprungen. Bis das Meer eines Tages beschloss, der Wissenschaft eine Seeschlange zu präsentieren.

Der Riemenfisch ist ein ziemlich seltsamer Zeitgenosse, ein Fisch in Schlangenform, der elf Meter lang werden kann. Seine silbrige Haut hat eine bläuliche Tönung

Ein Riemenfisch und eine Seeschlange

und ist von einer langen, drachenroten Rückenflosse gekrönt. Die seltenen Sichtungen lassen auf eine starke Ähnlichkeit mit der imaginären Seeschlange schließen und haben sicher einigen Einfluss auf deren Beschreibung gehabt. Doch was man über das Leben des Riemenfisches herausgefunden hat, übersteigt selbst die unwahrscheinlichsten Legenden. Vor einiger Zeit entdeckte man nämlich, dass er rückwärts und in der Senkrechten schwimmen kann. Außerdem praktiziert er Autotomie, das heißt, er kann sich selbst zweiteilen, indem er ein Stück seines Schwanzes abstößt. Eine hilfreiche Sache, um einem Raubfisch zu entkommen oder Energie zu sparen: Man verkleinert sich einfach. Es wird sogar vermutet, dass sich der Riemenfisch im Falle einer Nahrungsmittelknappheit selbst verspeisen kann, wie die berühmte Schlange aus dem Videospiel. Besser noch, kann er angeblich sogar Erdbeben vorhersehen. Anders jedenfalls konnte sich bislang niemand erklären, warum überall auf der Welt kurz vor Ausbruch eines Bebens strandende Riemenfische gesichtet wurden. Eine seltsame Korrelation zweier sehr seltener Ereignisse, die vergleichsweise häufig vorkam. Offenbar lebt der Riemenfisch oft in der Nähe von Verwerfungen und reagiert auf irgendeine rätselhafte Weise auf deren Aktivität.

Ich selbst habe noch nie einen Riemenfisch zu Gesicht bekommen. Aber als ich einmal mit einem Freund im Boot unterwegs war, erzählte er mir, kürzlich sei ein Exemplar in der Nähe von Cannes gestrandet, und zeigte mir ein Video davon. Wir scherzten, dass wir wohl gerade noch einem Erdbeben entgangen waren. Groß war die Überraschung, als wir abends in den Lokalnachrichten hörten, dass es in der Gegend tatsächlich ein leichtes Seebeben gegeben hatte, dessen Epizentrum nur einige Seemeilen vor den Felsen lag, an denen der Riemenfisch an Land gegangen war.

Letzten Schätzungen zufolge leben im Meer 2,2 Millionen Arten – die Milliarden Bakterienarten nicht mitgezählt –, von denen der Mensch bislang allerdings noch keine zehn Prozent erfasst hat. Derzeit wird ein Modell erstellt, um abzuschätzen, wie viele Arten sich wohl auch in

Zukunft vor uns versteckt halten werden. Dazu wird für gut bekannte Arten analysiert, wie schnell sie in der Vergangenheit entdeckt wurden. Auch wenn uns Plinius' Legenden heute haarsträubend erscheinen, können wir uns sicher sein, dass unsere derzeitigen Kenntnisse äußerst kümmerlich sind und sich irgendwann in der Zukunft als ebenso falsch herausstellen werden wie die damaligen Kenntnisse bis heute. Eines Tages werden die Menschen über die Gewissheiten unserer Zeit ebenso lachen wie wir über das, was Menschen in der Vergangenheit glaubten, zum Beispiel dass die Erde eine Scheibe sei oder dass im Meer nur vierundsiebzig Fischarten lebten.

Da etwa einundneunzig Prozent aller im Meer lebenden Arten noch unbekannt sind, gibt es indes genug Gelegenheit für Mythen und Träumereien auf leeren Blättern. Tief in den dunklen Meeren schwimmen die Entdeckungen der Zukunft, deren Existenz wir uns erträumen können und an deren Legenden wir glauben dürfen.

Es ist an uns, ob wir diesen Träumen Glauben schenken wollen und ob wir den Geschichten lauschen und ihnen Leben einhauchen. Auch, ob wir einige der alten Legenden wiederaufleben lassen. Denn dass es einst Seeschlangen gab, wird ja wohl niemand ernsthaft bezweifeln.

Das Meer ist dein Spiegel

Wo sich unsere Welt im Meer spiegelt, das der Spiegel unserer Welt ist, die der Spiegel des Meeres ist ...

Wo Wandergänse in Krustentieren geboren werden.

Wo eine Qualle zwei Nobelpreise gewinnt.

Wo sich das Meer in unserer Welt spiegelt, die der Spiegel des Meeres ist, das der Spiegel unserer Welt ist ...

Wenn die Meere in den Vorstellungen alter Zeiten von mythischen Wesen wimmelten, so lag das vor allem an einer uralten Legende, die sich hartnäckig hielt: der Legende vom Spiegel.

Haben Sie sich schon einmal gefragt, warum so viele Lebewesen im Meer den Namen eines Landbewohners tragen?

Im Wasser ist die gesamte Arche Noah unterwegs: Katzenfische, Elefantenfische, Skorpionfische, Kuh-, Eichhörnchen-, Wolfs-, Frosch-, Kröten- und Tapirfische, Giraffenbuntbarsche, Seehasen, Seebären, Seelöwen, -kühe, -elefanten, -schweine, -schmetterlinge, -hunde und -leoparden … Es gibt sogar Seegurken, Seetomaten und Wasserkastanien … Darüber hinaus haben die verschiedensten Gegenstände ihr Pendant im Meer: Man findet dort Seesterne, Messer- und Scheidenmuscheln, Steinfische, Sägefische, Mondfische, Kegelrobben, Trompeten-, Koffer- und Kugelfische … Ebenso gibt es unter Wasser Berufe aller Art: Mönchsrobben, Kardinalfische, Clownfische, Soldatenfische, Doktor- und Chirurgenfische, auch spezialisierte Tiere wie den Nasendoktorfisch … und sogar göttliche Wesen: See-Engel und Seeteufel …

All diese Namen verdanken sich der antiken Legende vom Spiegel. Für unsere Ahnen war das Meer unter dem Spiegel seiner Oberfläche eine parallele Welt, wie ein Spiegel der Erde. Daher musste alles, was auf der Erde existierte, sein Pendant unter Wasser haben.

Diese uralte Theorie ist sicher auf ganz natürliche Weise in der Vorgeschichte entstanden. Denn wer auf das Meer schaut, sieht darin auch seinen Widerschein. Er sieht die Farben des Himmels, die sich spiegelbildlich entfalten, und die Fische, die im Wasser schwimmen wie fliegende Vögel.

Plinius hatte diesen Volksglauben entdeckt. Und an den mediterranen Stränden und in den Berichten der Reisenden war ihm die Säge des Sägefischs ebenso aufgefallen wie das Schwert des Schwertfischs und die Gurkenhaftigkeit der Seegurke. Die Ähnlichkeit erstaunte ihn. Ihm schien, dass die Meeresbewohner nur leicht veränderte Kopien der Erdbewohner seien, wie zum Beispiel das Seepferdchen, dessen Pferdekopf auf einer «kleinen Schnecke» sitze. Um diese Beobachtungen zu erklären, stellte er folgende Hypothese auf: Die Samen und Embryonen der Lebewesen werden von Wellen und Wind so sehr bewegt, dass es zu einem Austausch zwischen Luft und Wasser kommt, wodurch dann jene wundersamen Hybridwesen zweier Welten entstehen.

Die alten Werke wurden kopiert und weitergegeben, die Legenden gefestigt. Der Glaube verbreitete sich und bevölkerte das Denken der Menschen in ganz Europa.

Im Mittelalter nahmen die Mönche, die die Bücher kopierten, Plinius' uralte Überlegungen wörtlich, so dass die Legende vom Spiegel zu einem kosmologischen Konzept wurde. Die berühmtesten Gelehrten des Mittelalters, deren Namen allein ein Ritterepos heraufbeschwören – wie zum Beispiel Godefroi de Viterbe, Thomas de Cantimpré oder Gervais de Tilbury –, schrieben, das Meer sei eine Parallelwelt zu unserer Welt, weshalb jedes Lebewesen auf der Erde seinen Gegenpart unter Wasser haben müsse. Dem Ritter Gervais zufolge glich der Meeresbewohner der entsprechenden Erdenkreatur «vom Kopf bis zum Bauchnabel», endete aber oft mit einem Fischschwanz. Und in dieser marinen Welt gab es gewiss nicht nur Tiere und Pflanzen, sondern auch zivilisierte Völker, ähnlich denen der irdischen Menschen.

Immer wenn ein neuer Meeresbewohner beobachtet wurde, überlegten die größten Geister, welches irdische Wesen wohl das Pendant dazu sein mochte.

So wurden der Schwertfisch und sein Schwert mit dem Schwert eines marinen Ritters verglichen, dessen Schild die Meeresschildkröte war und die größten Krabben sein Helm.

Den Zeichnern fiel es damals schwer, Fische darzustellen, da sie auf so viele verschiedene Modelle von Landlebewesen zurückgreifen konnten. Deshalb glichen die Meeresbewohner den Landbewohnern stark, oft bekamen sie einfach nur einen Fischschwanz angehängt. Auf diese Weise zementierten die Illustrationen der Bestiarien die Legende von der unterseeischen Fantasiewelt.

Die Kirche unterstützte die Spiegeltheorie, da diese die Schöpfungsmacht Gottes betonte. Aber die Theorie führte auch zu einigen bizarren Fantasien und Verbiegungen...

An der Atlantikküste wachsen auf Felsen und Treibholz zuweilen Rankenfüßer der Ordnung *Lepadomorpha*. Diese Krustentiere sehen aus wie helle Muscheln, bei denen ein Vogelschnabel auf ein kurzes schwarzes Rohr gesetzt wurde. Im 17. Jahrhundert waren sie in großer Zahl an allen europäischen Küsten anzutreffen, ohne dass jemand ein irdisches Pendant zu ihnen fand.

Der britische Klerus packte die Gelegenheit beim Schopfe, um mit einer ebenso geistreichen wie unerwarteten Lösung vorzupreschen. Es war gegen Ende des Winters, zur Fastenzeit, in der der Verzehr von Fleisch vierzig Tage lang verboten war, als Priestern und Bürgertum der Fleischgeschmack allmählich zu fehlen begann. Damals strandete massenweise Treibholz voller Rankenfüßer an den Küsten Nordeuropas, während sich die Nonnengänse, schwarz-weiß gestreifte kleine Vögel, auf ihre Wanderung nach Norden machten. Sie verschwanden zum Nisten an einem unbekannten Ort. Von der Insel Spitzbergen nördlich des Polarkreises, wo sich diese Wildgänse fortpflanzen, wusste damals noch niemand.

Das brachte den gallischen Mönch Giraud de Barri auf eine Idee. Er sah die Nonnengänse, deren Ziel niemand kannte, sah die Rankenfüßer, deren Herkunft niemand kannte, litt unter dem Verzicht auf gutes, fettes Essen – und beschloss, alle drei Probleme auf einen Streich zu lösen. Er schrieb, wenn man den röhrenförmigen «Hals» und den muschelartigen «Schnabel» der Rankenfüßer be-

Rankenfüßer und Nonnengänse

trachte, müssten diese Tiere ganz offensichtlich junge, unausgereifte «Küken» der Wildgänse sein. Diese seine Entdeckung brachte er weithin in Umlauf. Die Fachleute stimmten ihm einhellig zu, dass die Krustentiere das marine Pendant zu den Nonnengänsen sein mussten und dass sie sich offenbar während ihres Wachstums auf hoher See in Gänse verwandelten. Die an Land angetriebenen Exemplare waren einfach noch nicht reif und hatten bislang nur den Schnabel herausgebildet; das Gefieder würde ihnen als nächstes wachsen, bis sie als adulte Gänse davonflogen. Somit konnte der Klerus verfügen, dass die Gans vom Rankenfüßer abstammt und also eine Meeresfrucht ist – so dass man sich im Mittelalter in ganz Europa während der Fastenzeit an Gänsefleisch erfreuen durfte. Das Krustentier bekam den lateinischen Namen *anatifer*, später *anatife*, was wörtlich «Gänseträger» bedeutet; im Englischen werden der Vogel und das Krustentier bis heute mit ein und demselben Wort «barnacle» bezeichnet.

Dieser Glaube währte lange Zeit. Rabelais erwähnt ihn in «Gargantua», und in Schottland hielt man Nonnengänse bis ins 19. Jahrhundert für Meeresfrüchte. Dass allerdings die wahre Geschichte der Nonnengans, die natürlich nichts mit Krustentieren zu tun hat, fast genauso unglaublich ist, hätte sich der Mönch Giraud wohl kaum träumen lassen. Die Vögel nisten weit oben im Norden auf hohen Felsen, die sie in einer gefahrvollen, sechstausend Kilometer weiten Wanderung erreichen, bei der sie niemals vom Weg abkommen. Nach der Geburt muss sich das noch flugunfähige Gänseküken vom Felsen in die Tiefe stürzen, um ins Wasser und an das Moos der Tundra zu gelangen. Oft sind es über hundertzwanzig Meter freien Falls, an dessen Ende die kleine Daunenkugel unsanft auf die Felsen prallt. Aber sie ist so weich und leicht, dass sie die furchtbare Prüfung doch meistens überlebt.

In der Vorstellung unserer Vorfahren war das Meer bis weit übers Mittelalter hinaus der Spiegel der irdischen

Welt. Dabei weckten neu auftauchende Arten nicht selten Argwohn; waren sie womöglich Zeichen einer unterseeischen Zivilisation? Der Naturforscher und Arzt Guillaume Rondelet beschrieb 1551 die Sichtung eines «Seebischofs» in der Nordsee, eines Meerungeheuers in Bischofstracht. Als ebendieser Bischof dem Hof des polnischen Königs als Rarität vorgestellt wurde, zeigte der Fisch einen derartigen Drang, zurück ins Meer zu gelangen, dass er sogleich wieder in die Fluten geschickt wurde – worauf er ein Kreuzeszeichen machte und entschwand. In der Renaissance sahen die Menschen im Seebischof den Botschafter einer unterseeischen Zivilisation. Vermutlich handelte es sich indes um eine Klappmützenrobbe, deren Männchen eine rote «Mütze» auf der Stirn haben und deren Flossenbewegungen tatsächlich wie Handzeichen aussehen können. Oder es verbarg sich dahinter ein wunderliches Tier, dessen getrocknete Häute diverse Scharlatane an Kuriositätenkabinette verkauften, wobei sie behaupteten, es handele sich um das Gewand des unterseeischen Klerus. Dieses Tier war ein großer Knorpelfisch; während man ihn in Nordeuropa für einen Bischof hielt, sahen die Südeuropäer in ihm einen Engel. In Nizza gab es tatsächlich noch bis Anfang des 20. Jahrhunderts riesige Fische mit flachen Flügeln und rauer Haut, deren Aussehen irgendwo zwischen Rochen und Hai einzuordnen wäre und die den Sardinenfischern ständig ihre Netze zerstörten. Angesichts der großen Flügel tauften die Fischer sie *lu pei ange*: «Engelsfische» oder «Engel des Meeres». Mittlerweile ist *Squatina squatina*, der Gemeine Engelhai, an unseren Küsten nur noch extrem selten anzutreffen, aber die Bucht zwischen Nizza und Antibes erinnert bis heute an ihn. Sie trägt den Namen *Baie des Anges*, «Engelsbucht».

Mittlerweile glaubt niemand mehr an die Legende vom Spiegel. Wir wissen jetzt, dass alles Leben im Meer aus einer Gruppe von Bakterien entstand, die sich nach und nach diversifiziert haben und zu Pflanzen und Tieren geworden sind. Manche Lebewesen haben sich weiterentwickelt und sind auf der Suche nach Sauerstoff an die Luft gegangen, wo er in höherer Konzentration vorhanden ist als im Wasser. Sie haben die Erde bevölkert. Andere Arten blieben im Wasser und nahmen verschiedenste Formen an. Wieder andere, zum Beispiel die Vorfahren der Krustentiere, sind dem Wasser entstiegen, haben sich ans Landleben angepasst und sind dann wieder ins Meer zurückgekehrt, um fischähnliche Formen anzunehmen und sich so an ihr neues altes Milieu anzupassen. Dieser Vorgang nennt sich «konvergente Evolution».

Die Legende vom Spiegel geriet in Vergessenheit und kam ins Bestiarium des antiquierten Aberglaubens, gleich neben die Radierungen jener riesigen Wale, die man für

Inseln halten konnte, und die auf der Flöte gespielten Melodien, mit denen man einst Seeungeheuer vertrieb.

Inzwischen haben Wissenschaft und Technik das Ruder übernommen, um die Legende am Leben zu halten, oder besser gesagt: ihren Widerschein in ihrem eigenen Spiegel. Heute holt sich die irdische Welt Ideen aus der unterseeischen Welt und versucht, sich ihr anzugleichen und sich zu ihrem Spiegelbild zu machen – was in Zukunft sicher noch verstärkt geschehen wird.

Millionen Jahre vor dem ersten Hammer hat die Evolution den Hammerhai hervorgebracht und die erste Schale aus Perlmutt lange vor den ersten Verbundwerkstoffen. In den 3,5 Milliarden Jahren, seitdem es Leben gibt, hat die Natur durch Selektion unzählige technische Lösungen entwickelt, um das Überleben ihrer Arten zu sichern, und für Erfinder eine Schatztruhe mit Inspirationsquellen aus allen nur erdenklichen Bereichen gefüllt.

Nach und nach wird unsere Welt zum Spiegelbild des Meeres, indem sie es mit sogenannten biomimetischen Erfindungen nachahmt. Das Wellblech, das wir für unsere Gebäude verwenden, ist ein Nachbau der extrem widerstandsfähigen Struktur der Jakobsmuscheln. Die Karosserie vieler Autos nutzt die hydrodynamische Form der

Fische. Chirurgische Roboter imitieren die geschmeidige Wendigkeit der Tentakel von Kraken. Zahllose Medikamente sind Kopien mariner Moleküle, vom Gift der Schneckengattung *Conus* bis hin zu den Proteinen der Seescheiden. Nicht selten ist die Natur unseren Ingenieuren überlegen und bietet ihnen gleich eine ganze Reihe von Modellen.

Die Glasschwämme der Gattung *Euplectella*, die in der Tiefsee leben, bauen ihr Skelett aus Glas, ganz ohne Ofen oder chemische Industrie. Dieses Glas besitzt zudem herausragende optische Eigenschaften – bessere als unsere Glasfasern –, dank derer sie das Licht des biolumineszierenden Planktons verstärken können, um es wie Strahler zu benutzen; damit locken sie planktonische Algen an, die sie dann verspeisen. Diese seltsamen Schwämme sollen angeblich dreizehntausend Jahre alt werden. Junge Garnelenpaare ziehen, wenn sie noch ganz klein sind, in ihr Skelett ein, welches einem geflochtenen Korb gleicht. Wenn die Garnelen größer werden, kommen sie irgendwann nicht mehr aus ihm heraus und bleiben ihr Leben lang zusammen, wohnhaft im Schwamm. Dem *Euplectella*, diesem Symbol der Treue, werden dank intensiverer Materialstudien gewiss noch zahlreiche Erfindungen entwachsen. Forscher suchen bereits nach Möglichkeiten, ihn in der Architektur, für biokompatible Prothesen oder innovative Gläser zu imitieren.

Für so manche technische Revolution hat das Meer

bereits gesorgt. Das Hämoglobin der Wattwürmer, die die Küsten mit ihren Sandkringeln überziehen, transportiert Sauerstoff vierzig Mal besser als das des Menschen und eignet sich für alle Blutgruppen. Es diente als Vorbild für Produkte, die Organe für Transplantationen bis zu zehn Mal länger konservieren können als die bis dahin angewandten Methoden.

Einige marine Inspirationsquellen haben ganz verblüffende Auswirkungen auf unsere irdische Welt.

Die Qualle *Aqueorea victoria* lebt in den Gewässern Nordamerikas, wo sie sich von Ruderfußkrebsen und anderen Quallen ernährt. Um ihre Beute anzulocken, produziert sie dank eines fluoreszierenden Proteins tiefgrünes Licht. Wenn sie sich eine Qualle geangelt hat, die fast halb so groß ist wie sie selbst, und ihr Maul weit aufreißt, um sie genussvoll zu verschlingen, ahnt *Aqueorea victoria* jedoch nicht, dass der *Homo sapiens* durch die Nachahmung ihrer Jagdtechnik zwei Nobelpreise gewonnen und ein neues Licht in sein Wissen von der Welt gebracht hat.

Die synthetische Herstellung jenes fluoreszierenden Proteins im Labor, des sogenannten GFP, hat die Biochemie revolutioniert.

Proteine sind zum Leben erweckte Gene. Der DNA-Code wird in Proteine übersetzt, die sämtliche Verhältnisse und Mechanismen aller lebenden Organismen steuern.

Heute können wir im Reagenzglas aus DNA Proteine herstellen und sogar Ketten von Proteinen, die aneinandergeheftet werden. Wenn man nun das GFP der Qualle an andere Proteine anheftet, bekommen diese ein fluoreszierendes Ende, so dass man sie in den Zellen beobachten und ihre Funktionsweise optisch darstellen kann, ohne die lebendigen Mechanismen zu stören. Auf diese Weise konnten Biologen Neuronen dabei beobachten, wie sie kommunizieren, Gene, wie sie gerade übersetzt werden, und viele andere geheime Vorgänge des Lebens – einfach indem sie sie zum Leuchten brachten. Dank des GFP können wir heute unsichtbare, aber für unsere Gesundheit fundamentale Mechanismen darstellen. Die Pioniere dieses Verfahrens erhielten 2008 den Nobelpreis für Chemie.

Um die fluoreszierenden Proteine besser beobachten zu können, wurde außerdem eine neue Generation von Mikroskopen entwickelt, «hochauflösende» Geräte, die selbst Gegenstände sehen, die nahezu unsichtbar sind, da sie kleiner sind als die Wellenlänge des Lichts. Es war eine weitere wissenschaftliche Revolution, die ihren Erfindern 2014 den Nobelpreis einbrachte: Osamu Shimomura, Martin Chalfie, Roger Tsien, Eric Betzig, William Moerner, Stefan W. Hell, Physikern und Chemikern mit amerikanischer, deutscher, japanischer Staatsangehörigkeit, die aus Rumänien oder China stammten ... Japaner und Amerikaner haben zusammengearbeitet, um unser Leben zu verändern, auch wenn die meisten Menschen weder ihre

Namen noch ihre Erfindung kennen. Wie die Qualle *Aqueorea* in der Tiefsee glänzen diese Erfinder mit ihrem Licht im Dunkeln.

So wie wir unsere Technologien voranbringen, indem wir die Techniken der Meeresbewohner imitieren, können wir auch deren Lebensgrundsätze nutzen, um uns gesellschaftlich weiterzuentwickeln. In der Legende vom Spiegel wird vermutet, dass es eine unterseeische Zivilisation gibt – und tatsächlich leben dort zahlreiche Gemeinschaften, die uns als Modell dienen könnten!

Die Dynamiken des Meeres stünden unserer Welt gut zu Gesicht. So gibt es im Ökosystem Ozean keine Verschwendung und keine Abfälle. Die Art und Weise, wie Korallenriffs ihre Raumnutzung optimieren, könnte ein Vorbild für unsere Städte sein, das Zusammenleben verschiedener Arten ein Beispiel für unsere Gesellschaft, und die Entscheidungsfindung in Fischschwärmen könnte zu neuen politischen Ideen führen.

Aber warum sollten wir auf die Arbeit und die Entscheidungen der Erfinder und Stadtplaner warten? Wir alle können uns von den Meeresbewohnern und ihrer erstaunlichen Lebensweise anregen lassen.

Wie die Koralle, die in sich einen Garten aus Algen

und Bakterien kultiviert, können wir in uns Beispiele des Lebens im Meer kultivieren. Wir können uns die Beharrlichkeit des Aals aneignen, der niemals sein Ziel aufgibt, zurück ins Meer zu schwimmen, und den allein sein Optimismus am Leben hält, solange es eben nötig ist. Oder die Kreativität der Auster, die, wenn sich ein Sandkorn in ihrer Muschel verfangen hat, das unangenehme Problem so lange dreht und wendet, bis eine Perle daraus geworden ist.

Vielleicht hatten die Gelehrten des Mittelalters und die römischen Dichter gar nicht so Unrecht mit ihrer Legende vom Spiegel. Was, wenn wir uns einmal für einen Augenblick vorstellen, dass sie stimmt? Wenn wir einmal hinter den Spiegel schauen, um herauszufinden, wer in unserer irdischen Welt die Entsprechung zu den uns bekannten Meeresbewohnern sein könnte?

Vermutlich würden wir unter den Leuten aus unserer Umgebung fündig. Sie selbst kennen sicher in Ihrem Bekanntenkreis Menschen, die wie Sardinen sind: Sie bleiben am liebsten in ihrem sicheren Schwarm und lösen sich in Luft auf, sobald sie allein sind. Wahrscheinlich verkehren Sie auch mit Jakobsmuscheln, Menschen, die uns viel über sich selbst erzählen, ohne es direkt zu sagen. Oder mit dem Pendant der Kraken, die sich an jede Situation anpassen können und sich überall wohlfühlen, mit Händen und Füßen reden und sich mit jedem Wechsel des

Gesprächspartners verwandeln. Es gibt aber auch Menschen, deren Worte platt und zweidimensional sind wie die Scholle, und andere, die sich weit hinauswagen in die dreidimensionale Welt, mit variantenreichen Tonfällen und Gesten.

Sehen Sie einmal genau hin! Vielleicht machen Sie in der Menge sogar die bescheidenen Muscheln aus, unter deren Panzer unzählige Geschichten lauern, die erzählt werden wollen. Oder die sagenumwobenen Riemenfische aus der Legende von der Seeschlange, die mit abenteuerlichen Storys aufwarten, auch wenn ihr wundersames Leben im Stillen verläuft. Oder die Garnelen mit den polarisierten Farben und die elektrischen Fische, die die Welt ganz anders sehen als wir und die sich mit für uns unsichtbaren Farben schmücken.

Mit etwas Glück begegnen Sie sogar dem einsamen Wal, der singt, ohne dass ihn jemand hört. Vielleicht gibt es ja unter uns einen Menschen, der ihm antworten kann?

Unter-Wasser-Dialoge

Wo wir uns an den Schiffshalter erinnern.
Wo wir uns an die Freundschaft der Schwertwale im Garten Eden erinnern.
Wo der Delfin den Menschen hilft ... und sich über sie lustig macht.

Das Meer spricht zu uns. Vielleicht sollten wir einmal mit ihm in Dialog treten und versuchen, ihm zu antworten ...

Als Erster hat mir der Schriftbarsch den diskreten Zauber vermittelt, den ein Dialog mit einem Meeresbewohner haben kann. Der Cousin des Sägebarschs lebt in den felsigen Gründen des Mittelmeers. Er arbeitet als Wachposten und ist mit unbändiger Neugier bestückt. Sobald ein Eindringling kommt, schwimmt er ihm entgegen und warnt die anderen Fische. Dank ihm konnte ich schon oft Kraken aufstöbern. Immer wenn ich vor dem Felsen eines Schriftbarschs vorbeischwamm, kam er aus seinem Loch, schwebte auf der Stelle und sah mir interessiert in die Augen. Das war nicht irgendein Reflex; der Schriftbarsch versuchte zu verstehen, was sich hinter diesem seltsamen Wesen in Taucheranzug und Schwimmbrille verbarg. Mit Gesten und Blicken bekundeten wir uns unsere gegenseitige Neugierde. Ein echter Austausch, auch wenn er ziemlich rudimentär erscheinen mag. Keiner von uns war in der Lage zu verstehen, was der andere ihm gern mitgeteilt hätte. Aber in einem Dialog geht es nie darum, immer alles zu verstehen. Im Gegenteil, das ist sogar vollkommen unmöglich.

Ich habe das Glück, schon verschiedenen Meeresbewohnern begegnet zu sein, was oft ein überwältigendes Erlebnis war. Nie werde ich ihre unschuldige Neugier vergessen. Diese wilden Tiere kennen keine Menschen und haben normalerweise keine Angst, weshalb ihr erster Reflex darin besteht, uns auszukundschaften. Einem Mondfisch in die Augen zu sehen ist ein merkwürdiges Gefühl. Weit draußen vor unseren Küsten schwimmt dieser platte Fisch, der fast zwei Meter im Durchmesser misst und grau wie eine fliegende Untertasse ist, aus freien Stücken auf die Boote zu und neigt den Kopf, um die Besatzung zu begutachten. Ein unbekanntes, einsames Wesen, unendlich anders als wir, interessiert sich da plötzlich für uns und möchte unsere Geschichte erfahren. Eine seltene Erfahrung in unserer gleichgültigen Gesellschaft.

Die Teufelsrochen wiederum scheinen auf den ersten

Blick vor Schiffen zurückzuweichen. Doch sobald der Motor langsamer wird, vollführen sie unter dem Rumpf eine Kehrtwende und nähern sich in einem seltsam schraubenden Tanz. Ihre breiten dreieckigen Flügel, die auf der einen Seite weiß und auf der anderen schwarz sind, wirbeln herum und zertrümmern die Sonnenstrahlen im Wasser. Ihr rundes Auge ist fest auf das Dollbord gerichtet, wo erstaunliche Zweifüßer, über der Wasserfläche verschwommen, für einen Moment ihren Meeresalltag auf den Kopf stellen.

Die Familien der Grindwale, jener großen schwarzen Säuger, die im Sommer an die Côte d'Azur kommen, können stundenlang an einem Boot spielen. Oft vergnügen sie sich mit «Spyhopping»: Dabei stoßen sie mit Kopf und Oberkörper aus dem Wasser, um die oberseeische Welt und ihre Bewohner genauer unter die Lupe zu nehmen.

Wale mögen es, einen Blick in unsere Welt zu werfen und uns zu beobachten. Wenn ein Buckelwal im Pazifik das Auge aus dem Wasser hebt, um uns besser zu sehen, und uns Signale zu senden versucht, indem er mit seinen langen Brustflossen in die Luft schlägt und auf eine Reaktion wartet, dann sehen wir, wie groß der Wunsch dieser Tiere ist, mit uns in Kontakt zu treten.

Ein Schiffshalter

Ein solcher Dialog ist eine untergegangene Kunst. Wahrscheinlich unterhält sich dieser Tage niemand mehr mit Meeresbewohnern wie von Mensch zu Mensch. Doch einige unserer Vorfahren beherrschten zumindest bestimmte Aspekte dieses Dialogs, als ihr Leben noch untrennbar mit den natürlichen Ökosystemen verbunden war. Von diesem innigen Verständnis sind uns nur Bruchstücke überliefert. Sie zeigen aber, dass es möglich ist, den Kontakt wiederherzustellen.

Die Zivilisation der australischen Aborigines hat 40 000 Jahre überdauert. In dieser Zeit knüpfte das Volk eine enge, aber rundum rätselhafte Verbindung zur Natur. Eines dieser Rätsel ist eine untergegangene Technik: Die Aborigines waren in der Lage, mit dem Schiffshalter, jenem Saugfisch, der Plinius zufolge Schiffe verlangsamte, in Dialog zu treten.

Gleich nachdem die Europäer Australien «entdeckten»,

beschrieben mehrere Forscher eine Fischfangmethode, die die Aborigines in der Torres-Straße anwandten. Um Schildkröten, Haie und große Fische zu fangen, griffen sie auf die Hilfe eines Schiffshalters zurück, den sie an eine dünne Schnur banden. In einem halb mit Wasser gefüllten Einbaum, in dem der Schiffshalter mit der Rückenplatte am Rumpf klebte, näherten sie sich langsam ihrer Beute. Sobald sie eine Schildkröte oder einen Hai erblickten, zogen sie den Schiffshalter von seinem Saugplatz ab und warfen ihn behutsam über Bord. Der Fisch setzte sich diskret in Bewegung, gewann das Vertrauen des Hais oder der Schildkröte und klebte sich ganz wie in freier Natur mit der Platte an den neuen Gefährten. Nun zogen die Aborigines Stück für Stück die Schnur wieder nach oben. Der Schiffshalter hielt seinen Saugegriff beziehungsweise drückte sich noch zusätzlich nach hinten, um die Haftung zu erhöhen. Jetzt saß die Beute in der Falle. Englische Forscher berichteten, dass der Schiffshalter sogar an der Schnur zog, um den Aborigines wie per Telegraf mitzuteilen, wenn die Beute ruckartig in die Tiefe stieß, damit sie ein wenig Schnur nachgaben.

Die Komplizenschaft zwischen Menschen und Schiffshaltern war so groß, dass der Fisch selbst dann, wenn die Schnur riss, meistens zum Boot zurückkam und sich wieder daranheftete. Zwischen den Fahrten war er in einem Becken mit klarem Wasser untergebracht und wurde jeden Tag gefüttert. Mit dieser Methode fingen die Fischer neben Schildkröten und Haien eine große Bandbreite dicker Fische. Ihre Ressourcen bedrohte diese Art des Fischfangs nicht, da die Tradition der Aborigines Fangquoten vorsah: Der Verzehr einer jeden Fischart war einem bestimmten Lebensalter vorbehalten. So durften die größten Meeresbewohner nur von den Ältesten gegessen werden. Auf diese Weise verhinderten die Stämme ein Überfischen von Arten, die sich nur langsam fortpflanzten, sowie eine Vergiftung mit Quecksilber, das sich in den großen Raubfischen anreichert und für jüngere Menschen und Schwangere schädlich ist.

Die Berichte der Forscher über den Fischfang per Schiffshalter wirkten zu fantastisch, um wahr zu sein – das meinten zumindest die Gelehrten der Metropolen. Aber alle Reisenden beschrieben ein und dieselbe Methode und fügten zahlreiche Illustrationen und Details hinzu. Darüber hinaus wurde die Methode nicht nur in Australien, sondern in aller Herren Länder beobachtet. Christoph Kolumbus erwähnte sie als Erster, als er sie in «Indien» sah; von ähnlichen Sichtungen wurde im gesamten Golf der Karibik berichtet, auf Kuba wie auf Jamaika. Philibert Commerson beobachtete sie um 1770 in Mosambik, der britische Konsul Holmwood 1881 auf Sansibar. Nur verschwanden allmählich die Völker, die diese Fangmethode kannten und anwandten; der Kontakt mit dem Westen löschte ihre Kulturen und Traditionen aus.

1905 wollte der amerikanische Wissenschaftler Charles Frederick Holder selbst mithilfe eines Schiffshalters eine Schildkröte oder einen Hai fangen, um die Vorgehensweise genauer zu erforschen. Er sah sich verschiedene Beobachtungen und Beschreibungen der Methode an, dann versuchte er sein Glück in den kubanischen Korallenriffs. Aber der Schiffshalter führte ihn bei jedem seiner Versuche an der Nase herum. Entweder schwamm er nicht zur Beute, oder er heftete sich an sie, ließ sie aber beim geringsten Zug an der Schnur wieder los, oder er setzte eine Fluchtpose auf, die dem Hai so großen Appetit machte, dass er ihn mit einem Happs verschlang. Alles in allem ein völliger Reinfall. Holder schloss daraus, dass die Aborigines und andere Völker geheimes Wissen besaßen, das ihnen den Fischfang per Schiffshalter ermöglichte. Es betraf vor allem die Frage, wie sie ihn dazu bewegten, sich mit ihnen zusammenzutun und sich an die Schnur binden zu lassen, ohne dass er sich in seiner Freiheit eingeschränkt fühlte. Deshalb schlug Holder vor, weitere Informationen über die Methode zu beschaffen und dann einen zweiten Versuch zu unternehmen.

Doch dazu kam es nicht. Denn mit dem Aufstieg moderner Techniken ging die schwer zu erlernende traditionelle Kunst des Fischfangs mit Schiffshalter verloren. Ethnologen beobachteten die Methode zwar bei vereinzelten Stämmen noch bis in die 1980er Jahre, aber niemand konnte das Rätsel des Dialogs mit dem Schiffshalter verstehen oder gar beschreiben. Wie man ihn um Hilfe bat und sein Vertrauen gewann, blieb ein Geheimnis, das sich vermutlich in den zahlreichen Riten rund um den Fischfang, in einem der Zauberlieder oder traditionellen Tänze verbarg. Offenbar wurde es wie eine Geschichte allein durch mündliche Überlieferung weitergegeben. Infolgedessen gibt es heute niemanden mehr, der mit den Schiffshaltern sprechen kann.

Die Aborigines waren nicht die einzigen Australier, die mit den Meeresbewohnern sprachen. Über hundert Jahre lang war die englische Kolonie Eden in New South Wales im Südosten Australiens Schauplatz einer außergewöhnlichen Freundschaft zwischen Menschen und Schwertwalen.

Es müssen Aborigines vom Stamm der Yuin gewesen sein, die den englischen Walfängern als deren Angestellte beibrachten, mit den Schwertwalen zu reden. Damals, in den 1860er Jahren, machte man auf schlichten Ruderbooten mit der Harpune Jagd auf Buckelwale. Es war ein gefährlicher Beruf, zugleich notwendig, um in den entlegenen Regionen zu überleben. Alexander Davidson und sein Sohn John, die eigentlich Boote instandsetzten, hatten beschlossen, sich auf dieses Abenteuer einzulassen.

Die Familie Davidson hatte strenge, protestantische

Moralvorstellungen. Da sie der Ansicht war, gleiche Arbeit verdiene gleichen Lohn, bezahlte sie den angestellten Aborigines genauso viel wie den Weißen, was damals höchst ungewöhnlich war. So gewann sie die Anerkennung und Wertschätzung der Yuin, die sie zum Dank lehrten, wie man Schwertwale zurate zieht, um Buckelwale zu jagen. Die Davidsons schlossen so mit den Schwertwalen ein Bündnis, das sie zu Experten der Buckelwaljagd im Hafen von Eden machte.

Wenn die Schwertwale auf ihrer Patrouille entlang der Küste einen Buckelwal sahen, schlugen sie mit dem Schwanz aufs Wasser, um die Waljäger zu verständigen. Die Bewohner von Eden hörten von der Küste aus das Peitschen auf dem Wasser und stiegen flugs in ihre Boote. In Gruppen begleiteten die Schwertwale die Harpuniere, führten sie zum Buckelwal und trieben ihn in ihre Richtung. Die Menschen und die Schwertwale hatten untereinander Zeichen ausgemacht, Ruder- oder Schwanzschläge aufs Wasser, um sich verständlich zu machen und die nächsten Schritte bei der Jagd abzustimmen. Bedingung für dieses Bündnis war der Respekt vor dem «Gesetz der Zunge»: Die Jäger mussten den Schwertwalen als Belohnung die Zunge des Buckelwals überlassen, die eine wahre Delikatesse ist.

So wurden die Menschen und die Schwertwale von Eden richtiggehend zu Komplizen, was über die reine Nahrungsbeschaffung weit hinausging. Jeder Schwertwal hatte einen Namen und seine eigene Persönlichkeit. Die größte Freundschaft aber bestand zwischen Old Tom, einem charismatischen Männchen, und George, dem jüngsten Sohn der Davidsons.

Old Tom war von seinen Artgenossen beauftragt worden, die Menschen zu benachrichtigen, er fungierte als Mittelsmann zwischen beiden. Die Jäger nannten ihn den «Humoristen», weil er gern seine Späße trieb. Am liebsten hängte er sich an die Taue der Boote, indem er sich mit den Zähnen daran festbiss. Dann ließ er sich von den Ruderern durchs Meer kutschieren. Dass sie seinetwegen langsamer vorankamen, bereitete ihm eine Heidenfreude. Auch spielte er mit großer Ausdauer Tauziehen mit ihnen. Aber wenn es an der Zeit war, auf Buckelwaljagd zu gehen, zog er höchstselbst, Tau im Maul, die Boote hinaus zur Beute, so dass die Ruderer Kräfte sparen konnten. Seine Zähne waren von all den Spielereien schon ganz abgewetzt. Wenn ein Seemann über Bord ging, schwamm Old Tom zu ihm hin und hielt ihn über Wasser, um ihn vor den Haien zu schützen.

George Davidson ging regelmäßig zum Vergnügen mit Old Tom schwimmen. Für ihn war der Schwertwal Teil der Familie. Die Wale passten auf seine Besatzung auf, und im Gegenzug passte George Davidson auf die Wale auf. Er ließ sie per Gesetz schützen, schickte den norwegischen Walfängern, die es auf sie abgesehen hatten, die Polizei auf den Hals, und befreite sie, wenn sie sich in einem

Old Tom

Fischernetz verfangen hatten. Diese Freundschaft zwischen Menschen und Schwertwalen ging über drei Generationen, von 1840 bis 1930. Sie ist in kostbaren Dokumenten, in Filmen und auf Fotografien, festgehalten. Während der Rest der Welt Schiffe mit Motoren und explosive Harpunen entwickelte, die die Walpopulationen im industriellen Maßstab dezimierten, kultivierten die Menschen im Hafen von Eden die Freundschaft mit den Schwertwalen und jagten die Buckelwale weiterhin nur per Boot, um sich nicht mehr als das Lebensnotwendige zu nehmen und damit das Überleben der Kolonie zu sichern.

Doch wehe dem, der das Meer betrügt. 1930 war ein sehr schlechtes Fangjahr, die norwegischen Industriewaljäger hatten kaum Wale nach Eden entkommen lassen. Just an dem Tag, als Old Tom den Jägern einen kleinen Buckelwal zutrieb, wurde ein Farmer, ein gewisser Logan, als Harpunist auf dem Boot von George Davidson angeheuert und fing das Tier. Ein mickriges Exemplar, der vermutlich letzte Wal der Saison. Doch als die Schwertwale ihren Anteil bekommen sollten, kam es zwischen George und Logan zum Streit. Logan meinte, der Wal sei zu klein, um ihn mit den Schwertwalen zu teilen; er werde ihnen nicht einmal genug Öl einbringen, um den ganzen Winter über Licht zu haben. George dagegen bestand darauf, das unveränderliche Gesetz der Zunge einzuhalten, wie es schon seine Eltern, seine Großeltern und die Aborigines gemacht hatten.

Da kam ein Sturm auf, und das Boot musste schnell zurück in den Hafen. Zornentbrannt befahl Logan, den Wal an Land zu bringen. Da auch unter Georges Besatzung Unruhe aufkam, konnte er sich Logan nicht widersetzen. Ungläubig folgte Old Tom dem Boot. Vielleicht war das Ganze ein Spiel? Er versuchte sich an den Buckelwal zu hängen und zog an den Tauen, um das Boot anzuhalten. Aber die Besatzung erhöhte die Schlagzahl, sie wollte so schnell es ging in den Hafen. Das war Old Toms letztes Tauziehen. Es nahm ein trauriges Ende. Der alte Wal verlor mehrere Zähne und seinen Anteil an der Beute, den man ihm mit Gewalt entriss. Logans Tochter war an diesem Tag auch mit an Bord und berichtete, ihr Vater habe, als das verletzte Tier enttäuscht in die Tiefe abtauchte, gemurmelt: «Mein Gott, was habe ich gemacht?» Seitdem kamen die Schwertwale nicht mehr zu den Waljägern von Eden, und ohne ihre Hilfe fingen die Bewohner keinen einzigen Wal mehr.

Einige Monate nach diesem Treuebruch fanden Seeleute Old Toms Leiche. Sie war in einer nahegelegenen Bucht angeschwemmt worden. Ohne Zähne war der steinalte Wal zum Tod durch Verhungern verdammt. Weil Logan Gewissensbisse hatte, finanzierte er den Bau einer Kapelle, in der man sich Old Toms Skelett und Erinnerungsstücke an das verlorene Bündnis mit dem Meer ansehen kann.

Den Hafen gibt es bis heute. Er trägt noch immer den Namen Eden – als verlorenes Paradies einer verratenen Freundschaft.

Manche Traditionen, bei denen die Menschen und das Meer in Dialog treten, haben aber auch die Zeiten überdauert.

Die Komplizenschaft zwischen den Menschen und den Delfinen ist nichts Neues. Schon Plinius hat sie beschrieben. An einem mit dem Meer verbundenen See, den er Latera nannte – er liegt in der Nähe des heutigen Badeorts Palavas-les-Flots –, hatten die Bewohner eine erstaunliche Freundschaft mit den Delfinen geschlossen. Bei der jährlichen Wanderung der Meeräschen versammelte sich «das gesamte Volk», um mit lauten Schreien die Delfine zu rufen. «Simon, Simon!», skandierten sie im Nordwind am Strand. Plinius zufolge erinnerte der Name an das lateinische Wort «simius», das «platte Nase» bedeutet, womit sich die Delfine angesprochen fühlten. Sie besaßen so viel Selbstironie, dass es sie belustigte, wie sie zärtlich bei ihrer Nase gerufen wurden, und sie dem Ruf folgten. So kamen sie in großen Gruppen ans Ufer und trieben die Meeräschen den Menschen in die Netze, wobei sie selbst von der Barrikade profitierten, indem sie auf dem Weg ein paar Happen aufschnappten.

Diese Geschichte klingt wie viele andere Geschichten, als hätte Plinius sie frei erfunden. Aber sie entspricht tatsächlich der Wahrheit, und man kann dieses Phänomen auch heute noch beobachten. In Mauretanien wenden die Imraguen diese Methode zum Fangen von Meeräschen ebenfalls an. Das Volk ehemaliger Sklaven der Mauren, das erst vor einiger Zeit befreit wurde und seinen Herren jahrhundertelang hohe Abgaben in Form von Fischen zahlen musste, konnte in seinem Unglück auf ebenso treue wie unerwartete Verbündete zählen, eben die Delfine. Allerdings nennen die Imraguen die Delfine nicht Simon, wie im Ritual in der Camargue zu Plinius' Zeit, sondern sie spielen eine trommelnde Melodie, indem sie in einem ganz präzisen Rhythmus aufs Wasser schlagen, wodurch sie die Delfine anlocken. Dann arbeiten Menschen und Delfine zusammen, um die Springmeeräschen mit einem weitläufigen Netz an den Strand zu treiben. Bedauerlicherweise geht diese Methode langsam, aber sicher verloren und wird heute fast nur noch in Mauretanien angewandt.

Doch in dem brasilianischen Dorf Laguna leben gegenwärtig fast zweihundert Fischer in Symbiose mit einer Delfinfamilie. In den brackigen Lagunen fangen sie mit glockenförmigen Wurfnetzen Meeräschen. Dank ihres Sonars können die Delfine die Meeräschen im Gegensatz zu den Menschen im trüben Wasser sehen. Die Menschen wiederum können die Meeräschen im Gegensatz zu den Delfinen mit ihren Netzen fangen. Keiner weiß mehr, wann oder wie dieses Bündnis in Laguna begonnen hat. Aber inzwischen ist es für beide Arten überlebensnotwendig geworden.

Die Delfine haben sogar eine eigene Sprache entwickelt, um mit den Fischern zu sprechen und ihnen anzuzeigen, wohin sie ihre Netze werfen müssen. Dazu machen sie Zeichen mit dem Kopf oder mit dem Schwanz. Diese Sprache geben sie von Generation zu Generation weiter. Mehr noch, die Gruppe von Delfinen, die sich mit den Menschen zusammenschloss, hat eigene kulturhafte Merkmale herausgebildet. Sie bleibt am liebsten unter sich und vermeidet den Kontakt zu anderen Delfinen. Akustische Messungen der Töne, die sie abgeben, haben gezeigt, dass die Delfine von Laguna ihren eigenen «Akzent» haben, ihr eigenes Pfeifen, das sie von den anderen Delfinen derselben Art unterscheidet, die nicht mit den Menschen «sprechen». Auch die Fischer haben ihre eigenen Ausdrücke herausgebildet, ihren Jargon für die Interaktion mit den Delfinen. Sie erkennen jedes einzelne

Tier und haben allen Delfinen Namen gegeben. Unter Wasser haben die Delfine übrigens auch Namen füreinander. Hier auf den Sandbänken vor Laguna begegnen sich somit zwei Kulturen – zwei Geschichten, über und unter Wasser, die in Gemeinschaftsarbeit geschrieben werden, in zwei Sprachen, auf Portugiesisch und auf Delfinpfeifen.

Die Beziehung zwischen Menschen und Meeresbewohnern hat nicht unbedingt immer etwas mit Nahrungsbeschaffung zu tun. Oft entstand sie einfach aus gegenseitigem Interesse, ohne jeden Hintergedanken.

Beim Tauchen im Tiputapass in Polynesien konnte ich einmal Große Tümmler unter Wasser beobachten und erlebte eine ungeheuerliche Begegnung. Diese Delfine kommen gern zu den Tauchern, um mit ihnen zu spielen. Sie sind spitzbübische, zärtliche Tiere und suchen so sehr den Körperkontakt, dass man manchmal tun muss, als interessierten sie einen nicht, und auch dem Drang widerstehen muss, sie zu streicheln, damit sie wild und frei bleiben. Einem Delfin unter Wasser zu begegnen hat etwas Irreales. Man meint, eine Tieranimation in einem Kinofilm zu sehen, so perfekt und so befremdlich sind diese Tiere.

Zwei Große Tümmler kreisten neugierig um die Luftblasen, die von unserer Tauchergruppe an die Wasseroberfläche aufstiegen. Einer von ihnen beäugte uns aus dem Augenwinkel. Ruhig, fast komplizenhaft wirbelte er durch den Blasenvorhang und hielt jäh inne, um sich wie schwerelos nach hinten fallen zu lassen. Dann machte er auf dem Rücken liegend mit den Flossen kleine, absichtlich ungeschickte Bewegungen und ließ große Blasen aus dem Blasloch über seinem Kopf aufsteigen. Als ich seinen belustigten Blick sah, begriff ich mit schlichter Freude, dass ich einer Eulenspiegelei beiwohnte: Der Delfin ahmte uns nach. Er sah, wie wir mit linkischen Bewegungen in die Tiefe tauchten und Blasen machten, worauf er versuchte, es uns nachzutun, und dabei ziemlich dick auftrug. Wollte er aus einem angeborenen Nachahmungsreflex etwas von uns lernen, oder machte er sich einfach über uns lustig? Die Antwort auf diese Frage tat er vermutlich durch sein rätselhaftes Pfeifen kund, das wir leider nicht entschlüsseln konnten. Doch selbst ohne die Sprache des anderen zu verstehen, genossen wir dieses Nachahmungsspiel und das stille Einverständnis, dieses Gespiegeltwerden im Meer.

Um einen ernsthaften und dauerhaften Dialog mit den Meeresbewohnern zu führen, müssen wir nicht ihre Sprache verstehen oder ihnen unsere Sprache beibringen. Möglich aber ist das durchaus in gewissem Maße. Man hat bereits Delfine und Seehunde in Gefangenschaft darauf abrichten können, eine große Zahl von «Wörtern» wiederzuerkennen und sich entsprechend zu verhalten. Doch das ist nur eine Vorgehensweise des Menschen, um sich Gehör zu verschaffen, nicht, um wirklich gehört zu werden.

Den Imraguen, den Aborigines und den Tauchern von Tiputa geht es nicht darum, Worte auszutauschen, sondern zu teilen, was jenseits der Worte liegt. Sie richten keine Tiere ab, um ihnen ihre Sprache beizubringen; sie versuchen, selbst Teil von deren Lebenswelt zu werden. Beide Seiten interpretieren die Äußerungen der anderen, ohne sie vollständig zu verstehen. Die dahinterstehende Absicht jedoch kennt keine Sprachbarrieren. Vielleicht wird die Wissenschaft – so viel Träumerei sollte erlaubt sein – eines Tages die Sprache der Meeresbewohner entschlüsseln. Vielleicht wird sie ihnen sogar unsere Sprache zugänglich machen, so dass wir einander unsere Dialoge übersetzen können. Aber wir brauchen diese Übersetzung nicht, um mit ihnen zu sprechen, wie es manche Menschen schon vor Tausenden von Jahren getan haben.

Diese wortlosen Dialoge sind anregend und können den Menschen sogar als Beispiel für ihre eigenen Gespräche untereinander dienen. Denn jede Person hat ihre eigene Sprache, und diese Sprache können andere niemals vollständig entschlüsseln. Wenn wir miteinander sprechen, versuchen wir vor allem, uns selbst Gehör zu verschaffen. Wir versuchen, die Sprache des anderen zu sprechen oder dem anderen unsere Sprache aufzuzwingen.

Aber was wäre, wenn wir uns alle ganz frei, ganz natürlich, auf unsere eigene Weise und in unserem eigenen Stil ausdrückten? Wenn wir den anderen nur mit dem Herzen zuhörten, ohne zu versuchen, alles zu übersetzen, und ebenso sprächen, ohne Angst zu haben, missverstanden zu werden? Die Delfine sprechen ihre Delfinsprache, die Menschen ihre Menschensprache; aber in den Strömungen der polynesischen Gewässer hören sie sich gegenseitig zu und verstehen einander.

Die Seevögel wenden dieses Prinzip lauthals an, wenn sie sich auf offenem Meer mitteilen wollen, um nach Sardellen zu suchen. Zum Beispiel kreischt die Seeschwalbe los, sobald sie etwas Interessantes sieht, womit sofort alle anderen Bescheid wissen. Möwen und Sturmtaucher, Boote und Wale hören ihre Stimme und ihre Signale. Dabei spielt es keine Rolle, dass keiner genau versteht, was sie da gerade erzählt. Denn dieser kleine weiße Wandervogel, der von einem Pol zum anderen fliegen kann, ist derart charismatisch, dass er mit seinen schrillen Schreien alle anderen Tiere mitreißt. Diesen faszinierenden Vogeldialog konnte ich beobachten, als mein Lebensweg den einer anderen, wunderbar farbenfrohen Art kreuzte: des Roten Thuns.

Thun Sie etwas Gutes

Wo wir im Flug der Vögel lesen.
Wo sich Thunfischdosen in Spieldosen verwandeln.
Wo Geschichten auf alle Thune erzählt werden.

Der Thunfisch kam vermutlich auf ähnliche Weise in mein Leben wie in Ihres: zwischen Ei und Mayonnaise auf einem Sandwich oder im Salat im Restaurant. Kurz gesagt, in mundgerechten Happen.

Jahre später traf ich das großartige Tier, von dem diese Happen stammen.

Auf halbem Weg zwischen Festlandfrankreich und Korsika ist man umgeben von Horizonten. Manche Menschen ängstigt diese unendliche, dreihundertsechzig Grad umfassende Weite. Auch das tiefe Blau, in das man hinabblickt, kann furchterregend sein. Ein verständlicher Schwindel. Das Schiff schwebt über einem zweitausend Meter tiefen Abgrund und fliegt über hochaufsteigende Berge und jähe

Schluchten, die sich in der blauen Unendlichkeit verbergen.

Auf mich hat die Einsamkeit der offenen See allerdings immer eine beruhigende Wirkung gehabt. Hoch oben auf dem Schiff, inmitten der flachen Weite, sieht man alles schon von ferne nahen.

An den Rändern des Himmels erhob sich soeben das Tageslicht und schob die orangen Vorhänge des Morgens beiseite, um einen trüben Himmel zu offenbaren. Mit zugekniffenen Augen hielten wir Ausschau nach einem Windstoß. Im Osten brannte das Wasser wie ein Spiegel in den Augen, als hätte sich die Sonne dort in eine glühende Lache ergossen. Auf der anderen Seite glomm ein tiefes, friedliches Indigoblau.

Anfangs war nichts. Stille Weite, kleine Kräuselungen. Dann und wann eine besäuselte Welle. Nichts als Wasser und Luft.

«Da hinten, ist da was?»

Ein winziger Punkt zog vorbei, aus dem Doppelkreis des Fernglases erschielt.

«Wo?» – «Auf fünf Uhr.»

«Ja, könnte ein Vogel sein.»

Aus dem Nichts tauchte ein weißer Punkt auf. Es ist erstaunlich, wie Vögel einfach plötzlich auf dem Meer erscheinen. Hart an der Wasserfläche, zwischen den Wellentälern, entgehen sie noch dem schärfsten Fernglas. Und plötzlich stehen sie am Himmelssaum.

Der Vogel zog zielbewusst seine schnurgerade Bahn.

«Könnte eine Seeschwalbe sein. Los, hinterher.»

Bald waren es zwei, dann zehn Seeschwalben, die alle wie von Zauberhand aus dem Nichts auftauchten und alle denselben Kurs hielten. Laut und selbstsicher riefen sie einander zu.

Da sahen wir auf dem Wasser die Sturmtaucher kreuzen. Und zahllose Möwen bevölkerten die Luft, als wäre eine Prise Salz und Pfeffer aufgewirbelt worden. Schlenkernd stoben sie dahin.

Hektisch auf- und absteigend gewannen die Seeschwalben an Höhe. Plötzlich drehte eine von ihnen den Kopf und vollführte mit ausgefächertem Schwanz eine Kehrtwende. Am anderen Ende des Horizonts zeichnete sich eine schmale weiße Linie ab, die sie erspäht hatte. Zusammen mit dem Vogelschwarm, der laut kreischend angeschossen kam, folgten wir der Seeschwalbe. Und das Meer begann zu kochen.

Mit einem Mal war die See eine einzige Gischtwolke, Hunderte Meter weit, ein grandioses Rauschen und Flirren und Leuchten. Zu Tausenden sprudelten, an die Oberfläche gelockt, Sardellen hervor, kopflos konsterniert, als schon die Räuber über sie herfielen. Basstölpel ließen sich im Sturzflug wie Speere in den Schaum fallen. Delfine rauschten heran und ratschten in die Wirbel. In fre-

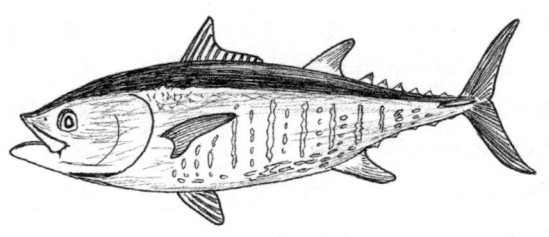

Ein Roter Thun

netischen Schwärmen tauchten die Seeschwalben unter, die Sturmtaucher warfen sich mit kindlicher Trunkenheit bäuchlings ins Wasser. Ich sah gerade noch die Silhouette einer dunklen, spindelförmigen Masse, die in die Luft stieg und beim Aufprall das Meer mit Regenbogenfontänen überzog – als plötzlich der gewaltige, furchteinflößende, ohrenbetäubende Schrei des Thunfischs erscholl.

Der Schrei des Thunfischs kommt aus der Urtiefe der Zeit. Seit über fünftausend Jahren schallt er in den Ohren der Menschen am Mittelmeer und hat dabei immer wieder seine Tonalität geändert.

Für unsere Ahnen im Neolithikum war dieser Schrei nur ein einziger langgezogener Ton, den der Späher des Stamms in eine große Muschel blies. Wochenlang stand der Späher hoch oben auf den Klippen und erwartete die alljährliche Ankunft der Thunfische, die auf ihrer Wanderung zwischen Felsen und Küste hindurchkamen. Jeden Abend brachte er sich so viele Legenden über diese leuchtenden Wesen mit den titanischen Kräften in Erinnerung, dass er bald nicht mehr wusste, wie die Tiere tatsächlich aussahen. Zu viel von ihnen gehört, zu viel vorgestellt. Zur Erinnerung besuchte er die Höhlen, auf deren Wände die Alten den Fisch mit Kohle gezeichnet hatten. Und als er ihn schließlich im durchscheinenden Meer der Calanques sah, in echt und in Farbe, blies er mit voller Kraft in seine riesige perlmuttfarbene Muschel.

Dank archäologischer Funde wissen wir, dass die Stämme des Neolithikums Thunfische auf der Höhe einiger felsiger Landspitzen fingen, wo diese nahe der Küste vorbeischwammen und leicht umzingelt und an den Strand getrieben werden konnten. In den Höhlen der Provence, Siziliens oder Kretas zeugen Zeichnungen von der spirituellen Bedeutung des Tiers und den Waffen der Harpuniere, denen es anstand, es zu fangen. Einen Thunfisch mit den kargen Mitteln der Vorzeit zu bändigen, das war wohl einige Legenden wert.

Denn der Rote Thun besitzt außergewöhnliche Kräfte. Er ist bestens angepasst an das Leben in bewegter blauer Einsamkeit auf hoher See.

Der Thun hat keinen Unterschlupf, um sich auszuruhen, er schwimmt ohne Verschnaufpause immerfort. Er lebt wie ein Dauerreisender, der den Strömungen folgt.

Selbst im Schlaf schwimmt er weiter. Hörte er auf zu schwimmen, er würde untergehen und ertrinken, weil er nur atmen kann, während er sich fortbewegt. Seine Kiemen funktionieren nämlich nur, wenn ein beständiger Wasserfluss durch sie hindurchfließt. Im Grunde ist sein Körper ein einziger riesiger Muskel, den ein feistes Herz ernährt; alle anderen Organe sind auf das Notwendigste gestutzt. Um diese Muskelmasse zu versorgen, bedarf es des effizientesten Atmungsapparats und Blutkreislaufs im gesamten Tierreich.

Aber damit der Thunfisch genügend Energie hat, um dieses Nomadenleben durchzustehen, muss er auch unaufhörlich fressen: schwarmweise Sardellen, Sardinen, Makrelen oder auch Krill – alles, was er kriegen kann. Wenn es sein muss, frisst er sogar Quallen, von denen er sich an einem Tag so viele einverleiben kann, wie er selbst wiegt. Nur so kann er sein Dauerschwimmen aufrechterhalten. Er verschlingt sogar derart viele Quallen, dass die Thunfischpopulation ein wichtiger Faktor dafür ist, ob wir an unseren Küsten ein «Quallenjahr» bekommen oder nicht. Bei diesem Appetit wächst der junge Thun sehr schnell. Während seiner Kindheit und Jugend verdoppelt er jährlich sein Gewicht.

Schon mit einem Jahr kann der Thunfisch in sechzig Tagen den Atlantik durchqueren. Und wenn er von den warmen Gewässern der Bahamas zum eisigen Meer vor Island reisen muss, kann er seine Körpertemperatur über die des Wassers heben, denn er ist einer der wenigen Warmblüter unter den Fischen.

«Ein Wunder der Natur», sagte einst ein gewisser Aristoteles über ihn, ohne von alledem auch nur zu ahnen.

Den Griechen und Römern erklang der Schrei des Thunfischs ebenfalls. Die kultivierten Liebhaber dieses Tiers transportierten ihn in Amphoren in alle Häfen der antiken Welt und genossen ihn als Delikatesse, nachdem er jahrelang in Öl oder Salz eingelegt gelagert hatte. Damals gab es Thunfische in so großer Zahl, dass die Flotte von Alexander dem Großen angeblich in Schlachtstellung gehen musste, um sich gegen einen enormen Thunfischschwarm zur Wehr zu setzen, der ihr die Durchfahrt versperrte.

Die größten Geister jener Zeit versuchten, die Migration der Thunfische zu verstehen. Warum kehrte dieser monumentale Reisende, nachdem er aus der bekannten Welt verschwunden war, immer wieder zurück und blieb auch seinen Migrationsrouten treu? Aristoteles war überzeugt, der Thunfisch sei auf dem linken Auge blind und halte daher immer die Küste zu seiner Rechten, um den Konturen des Mittelmeers zu folgen. Auch dachte er, der Thunfisch habe Angst vor bestimmten weißen Felsen im Schwarzen Meer, die womöglich herabfielen, weshalb er sie auf seiner Wanderung umschiffte.

Obwohl das Wissen über den Thunfisch seit Aristoteles deutlich zugenommen hat, bleiben seine Reiserouten bis heute ein Geheimnis.

Im Mittelalter wurde der Schrei des Thunfischs zum Lied für die Männer der Almadraba. Diese großen labyrinthischen Netze, die vor den Küsten aufgespannt wurden, nahmen verirrte Thunfischschwärme gefangen, um sie den Harpunieren auszuliefern. Das war ein harter, gefährlicher Beruf. Mit einem Haken bewaffnet tauchte der Harpunier mitten in eine Gruppe rasender Thunfische, in Gischt und Blut, um eins der riesigen Tiere, mit dem sich mehrere Familien ernähren ließen, zu isolieren und an den Strand zu treiben. Um sich Mut zu machen, sangen die Männer im Chor und im Kanon. Alle am Mittelmeer lebenden Völker nutzten die Technik der Almadraba und verbesserten sie immer weiter; jede Zivilisation fügte ihr ein Detail und ihrem Lied eine Strophe hinzu. Noch heute mischen sich in die Lieder der Almadraba Anrufungen aus der Bibel und dem Koran, lateinischer Aberglaube und iberische Legenden, immer in der jeweiligen Landessprache, in allen Anrainern des Mittelmeers.

Seit Jahrtausenden hallen der Schrei des Thunfischs und seine Lieder durch den Mittelmeerraum. Aber einmal wäre der Fisch fast verstummt.

Bis in die 1980er Jahre mochten die Japaner keinen Thunfisch. Wurde einer aus Versehen gefangen, endete er als Katzenfutter. Noch heute trifft man im Land der aufgehenden Sonne auf Sushi-Gourmets alter Schule, die den fetten Fisch verschmähen und in ihrem Sushi nur Seezunge oder Jakobsmuscheln dulden.

Doch dann wollten die Transportunternehmen, die japanische Technologien nach Europa und Amerika importierten, etwas haben, was sie auf dem Rückweg nach Japan exportieren konnten.

Das Land befand sich gerade im Wirtschaftsaufschwung, weshalb es leicht war, eine neue Mode einzuführen. Dazu musste man den Thunfisch nur in Wasser einlegen, um ihm den Eisengeschmack zu entziehen, den die Japaner so degoutierten. Dank einer breiten Werbekampagne wurde schließlich ein Fisch, über den noch dreißig Jahre zuvor selbst die Katzen des Landes die Nase gerümpft hatten, zum Preis eines Sportwagens an selbsternannte Connaisseure verhökert.

Nun kamen die Seiner, große Schiffsfabriken, vollgepumpt mit Elektronik und Subventionen und von Europa gechartert, um zum Angriff auf die Laichplätze des Roten Thuns zu blasen und das einträgliche Geschäft mit frischer Ware zu beliefern. Das war das Ende der Almadraba und der Harpunen. Nach und nach verschwanden die unzähligen kleinen Berufe rund um den Thunfischfang mitsamt ihren uralten Traditionen oder wurden sogar verboten; der Thunfisch war zur privaten Ressource geworden, die in den Händen einiger weniger Reeder lag. Fortan waren die Tiere, die einst die Völker faszinierten, an der Börse notiert. Ganze Schwärme wurden, wenn sie zum Ausbrüten der Eier zusammenkamen, gefangen, in riesige, vor neugierigen Blicken abgeschirmte Mastkäfige gesteckt und zuletzt in Kühlflugzeugen an ihren Bestimmungsort gebracht, um zwischen klebrigem Reis in Seetang eingerollt und in Sojasauce getunkt zu werden. Schon bald nahm der Bestand dramatisch ab, und je seltener die Thunfische wurden, umso mehr stieg der Preis, weshalb die Seiner immer mehr von ihnen fingen und ein breites Netzwerk illegalen Fischfangs entstand.

Anfang der 2000er Jahre war der Bestand des Roten Thuns nach zehn Jahren Intensivfischerei auf fünfzehn Prozent gesunken.

Mithin war es ein kleines Wunder, dass ich an jenem Tag im Mittelmeer den Schrei des Thunfischs hören durfte. Mit der unverhofften Rückkehr des Thunfischs zeigte das Meer wieder einmal forsch seine überbordende Fülle, die unser zu spotten scheint.

Die gesetzlichen Vorschriften und Kontrollen, die den Seinern Ende der 2000er Jahre im letzten Moment auferlegt wurden, haben sicher dazu beigetragen. Ausreichend waren sie aber nicht. Auch die Revolution in Libyen, die den wichtigsten Verbündeten der französischen Seiner bei der Verschleierung ihrer Machenschaften außer Gefecht setzte, hat ihren Anteil an der Rettung des Thunfischs. Vor allem aber liegt das wieder reichliche Vorkommen von Rotem Thun an natürlichen Kreisläufen, die zwanzig Jahre überspannen und mit der Sonneneinstrahlung, den Meeresströmungen und anderen noch weitgehend unerklärten Faktoren zusammenhängen. Dank des Zusammentreffens dieser Faktoren – und vielleicht auch von ein oder zwei Geistern, die die Alten beschworen – kamen wundersamerweise wieder Schwärme Roten Thuns an unsere Küsten und sind heute erneut, wenngleich auf Bewährung, in großer Zahl vorhanden.

Ich war an jenem Tag zu ihnen gekommen, um ihr Geheimnis zu ergründen und zu ihrem Schutz beizutragen. Als Ehrenamtlicher half ich an Bord eines Bootes des monegassischen Sportfischerverbands bei einer Aktion zur Kennzeichnung des Roten Thuns. Unser Ziel bestand darin, Hand an einen dieser unerreichbar fernen Fische zu legen, ihn zu markieren und ihm seine Geheimnisse zu entlocken.

Der furchterregende Schrei des Thunfischs war erklungen; an Bord kam Panik auf.

Die goldene Rolle kreischte und feuerte den Nylonfaden in Zwanzig-Meter-Salven ab, als das Tier davonstob.

Am Heck hagelte es Befehle, Leinen hoch, Gurt anlegen, alle Mann auf ihren Posten. Das Tier, Hunderte Meter vom Boot entfernt, schwamm einfach weiter.

Wir mussten ihm nach, zumindest ein Stück vom Faden zurückholen, der sich weiter und weiter abrollte. Mit Gewalt und Tücke brachten wir das Ungeheuer zur Kehrtwende, so dass es zum Boot zurückschwamm. Der Thunfisch spürte an seinem Ende der Leine vermutlich kaum den winzigen gekrümmten Angelhaken, der sich in seinem Maul festgehakt hatte wie die Gräte eines Beutetiers. Und der Zug, den ihm aufzuzwingen ich mich mit meinem ganzen Gewicht abmühte, indem ich an der Angelrute zerrte, schien ihn nicht vom Kurs abzubringen.

Aber am Ende wurde er es doch müde. Während er lotrecht unterm Boot große Kreise zog, stieg er langsam an die Oberfläche. Er ergab sich nicht, war kaum geschwächt; es wirkte, als sähe er sich das Boot einfach einmal genauer an, unbesiegbaren Stolz in den Augen. Er war nicht unterlegen, er schenkte uns seine Gefangennahme. Den Blick eines Thunfischs vergisst man nicht.

Nun schwamm er dahin, neben dem Boot an seiner Leine, ein Tier von unvorstellbarer Perfektion, gleich einem brandneuen Spielzeug, das funkelnd neben der Verpackung liegt. Elektrisierende blaue Streifen, harmonische Maserung, kupferfarbene Flecken wie auf einem vor Fantasie überbordenden zeitgenössischen Gemälde, perfekte

Hydrodynamik. Hinter ihm folgte ein Dutzend weiterer Thunfische seines Schwarms wie dahinflitzende Schatten im Kielwasser des Bootes. Wenn ein Thunfisch entschlossen seinen Schwarm verlässt und ohne zu zögern eine andere Richtung einschlägt, folgen ihm die anderen vertrauensvoll, weil sie vermuten, dass ihn ein Geistesblitz ereilt hat. Und sie tun es selbst dann, wenn er direkt auf ein Fischerboot zusteuert.

Neben dem Boot bekam das gut dreißig Kilo schwere Tier wieder Farbe und Kraft. Jetzt war der Moment gekommen. Vor ihm kniend, zog ich aus einem Dollbord einen Stab mit einem kleinen roten Plastikpfeil, auf dem ein Code aus schwarzen Zahlen stand. Ein kurzer Stich mit dem Pfeil in den Rücken, ein Griff zur Zange, den Haken aus dem Maul gezogen, und schon verschwand der Thunfisch wieder in der blauen Weite, ruhige Bahnen ziehend, die Rückenflosse mit einem kleinen purpurnen Spaghetto verziert.

Ein Pfeil wie eine Flaschenpost. Unser Thunfisch würde Hunderte Kilometer zurücklegen und vielleicht eines Tages den Weg von jemandem kreuzen, der den kleinen roten Plastikspaghetto auf dem Rücken sehen und sich die Telefonnummer aufschreiben würde.

Seitdem ich an dem Kennzeichnungsprogramm für Thunfische teilnehme und es in Frankreich vorantreibe, haben Dutzende Sportfischer, von der Schönheit des Tieres fasziniert, ihre Flaschenpost auf seinem Rücken aufs Meer hinausgeschickt. Inzwischen sind mehrere hundert Thunfische mit roten Spaghetti unterwegs. Manche haben schon Geschichten von ihren Reisen erzählt, in Frankreich markierte Fische, die rund um den Globus gefunden wurden, in Amerika, in der Adria, vor den Balearen ... Viele von ihnen schwimmen immer noch und warten auf denjenigen, der sie findet, vielleicht in zehn Jahren, irgendwo an einem fernen Ort, dreihundert Kilogramm schwerer.

Die Migration des Thunfischs ist nach wie vor ein Rätsel und fasziniert uns noch genauso wie die Menschen zur Zeit des Aristoteles, aber Stück für Stück kommt Licht ins Dunkel. Es gibt sesshafte Tiere, die zwischen Frankreich und Korsika pendeln. Andere unternehmen weite Reisen, schwimmen durch die Straße von Gibraltar und weiter bis in kanadische Gewässer.

Wenn es gelänge, diese Routen aufzudecken, könnte man den Bestand der Thunfische auf internationaler Ebene steuern, was sehr zu ihrem Schutz beitrüge. Denn der Thunfisch, den wir für französisch halten, ist ebenso kanadisch, spanisch oder marokkanisch, weshalb es internationaler Regelungen bedarf, um diese großen Reisenden zu schützen. Würde der Bestand international gesteuert, hätten Länder, die seit Jahren einen nachhaltigen Fang für den Thunfisch fordern – wie die USA, Kanada, Monaco oder Norwegen –, mehr Gewicht.

Aber die Sportfischer, die die Thuns markieren, diese letzten Mohikaner, die den Tieren mit rudimentären Mitteln nachjagen, haben auch die Begeisterung für den Thunfisch neu entfacht: die Begeisterung unserer Ahnen aus der Vorzeit und die Begeisterung uralter Traditionen, die von Legenden und Hafenfesten beseelte Begeisterung, die auch die Verbindung, die Osmose und den Dialog zwischen den Menschen und den Kräften der Natur wiederaufleben ließ. Sie haben die Kunst zu neuem Leben erweckt, den Vogelflug zu lesen, um mit hoffnungsvollem Blick den Horizont abzusuchen, wie auch das Schaudern, wenn der Schrei des Thunfischs erschallt, die Bewunderung für dieses Tier und den Traum von einem unentwegt bewegten Leben, das niemals stillsteht.

Wir haben dem Thunfisch seine verloren geglaubte Stimme wiedergegeben.

Das Ende vom Fischschwanz

Im Osten brannte die Sonne in den Augen. Im weiten Blau der Ferne schossen Lichtlanzen von Ost nach West und tanzten im Rhythmus der aufgewühlten See. Sardinen flitzten vorbei, zerstoben in der Stille des Vormittags und schnappten allerorten nach Plankton. Über ihnen wogten Lachen aus Himmel auf dem Wasser. Ein Pastellrosa verschwamm im Blau des Tages.

Unter ihnen fielen ihre Schatten westwärts in noch nachtschwarze Tiefen.

Von irgendwo weit unten sahen die Thunfische die tanzenden Schatten.

Ihr Anmarsch war wie ein Beben. In einer einzigen Bewegung formierte sich der Sardinenschwarm neu, wurde eine kompakt erschreckte Masse.

Zum Spiegel des Meeres werden: Die Sardine wusste, das war die einzige Möglichkeit, um dem Blick des Thunfischs zu entgehen. Eins mit der Landschaft werden, sich zu ihrem Widerschein machen. Der ganze Schwarm musste gleichzeitig denselben Winkel einnehmen, damit seine silbernen Häute das Blau des Wassers nach allen Seiten gleich reflektierten und er ununterscheidbar mit dem Meer verschmolz. Stillhalten, mit keinem Schuppenrand den verräterischen Himmelsglanz einfangen, keinen Lichtsplitter brechen, um nicht doch zufällig das eigene Dasein zu offenbaren. Die Sardine stand wie starr, dann verschwand sie im Schwarm im unsichtbarsten Zucken.

Doch schon zeichnete sich im Widerschein des Meeres auf ihrer Haut die Phalanx der Thunfische ab, militärisch geordnete, unerbittliche Reihen. Für Täuschungsmanöver war es jetzt zu spät. Das dreieckige Auge des Thunfischs hatte den Schwarm erspäht. Vor der Sardine materialisierten sich schwarze, aerodynamische Formen, aus denen lange Flossen wuchsen. Plötzlich grellten sie auf, die Streifen der Thuns, mit elektrisierendem Blau erhellt, dessen ultraviolette Wellenlänge nur darauf ausgerichtet ist, die Sardinen zu blenden. Ein stechender Blitz.

Der Angriff kam unerwartet, brutal. Raketengleich schoss der erste Thun in den Schwarm, der sich spaltete, um auszuweichen, sich aber nicht mehr rechtzeitig schließen konnte; da waren schon die anderen zur Stelle. Von allen Seiten stiegen sie nach oben, rissen die Wasseroberfläche auf, um Schwung zu holen und mit ohrenbetäubendem Knall in den kopflosen Schwarm zu preschen. Mit jedem

Mal waren es mehr; Hunderte hungrige Granaten donnerten über die Sardinen.

Doch der Schwarm überließ sich nicht der Panik. Geblendet, benommen, wussten die Sardinen, dass sie beisammenbleiben mussten, aufeinander hören, konzertiert agieren wie *ein* Fisch. Der Schwarm verwandelte sich in Arabesken und Spiralen, um die Angreifer zu irritieren, wich ihren Angriffen aus, indem er auseinanderdriftete und sich sogleich wieder vereinte, ließ die Sonne in alle Richtungen prallen, um ihren Blick zu trüben.

Die Thunfische waren jedoch weit gereist, Tag und Nacht und ohne Pause, und waren von Hunger zerfressen. Sie wechselten die Strategie und schoben die Sardinenkugel nach oben, hin zur unüberwindbaren bewegten Himmelsmauer.

Die Sardine flog in die Luft, von einer Welle ihrer Nachbarn mitgerissen, die hochsprangen, um der Attacke eines Thuns zu entkommen. Sekundenlang in diesem leichten, trockenen Medium schwebend, sah sie, ehe sie wieder untertauchte, die riesige Kohorte, das weithin kochende Meer, die Angriffe der Thunfische, die Fontänen prasselnder Sardinen und den Himmel, leer und voller entfesselter Vögel. Das Wasser ein Lärm aus Strudeln und unbegreiflichen Strömungen: unmöglich, in diesem Sturmangriff die anderen Sardinen zu hören, geschweige sich zu organisieren.

Eine Seeschwalbe stach links neben ihr ins Wasser, röhrte einen Schweif aus Blasen und stieg brustschwimmend mit vollem Schnabel wieder hoch. Im Ausweichen spürte die Sardine den Stoß des Wasserdrucks. Sie wusste nicht mehr wohin: Die Angriffe kamen jetzt vom Meer und aus der Luft zugleich. Ein Thunfisch vollführte einen Rückwärtssalto und landete schnalzend in der Gischt. Was noch vom Schwarm übrigblieb, stob jäh beiseite. Die Sardine blieb allein auf ihrer Seite und fand keinen Weg mehr zu den anderen. Ein Thunfisch erspähte sie und setzte ihr kurz nach, dann kehrte er um und tauchte mit offenem Maul auf den Schwarm zu, der schon in der Ferne verblasste. Jetzt war die Sardine ganz allein, abseits des Geschehens. Verletzlich sichtbar, fern der schützenden Masse. Ihr blieb nur eine Möglichkeit: wegschwimmen, geradewegs geradeaus.

Millionen ausgerissener Schuppen glänzten wie Schneeflocken im blauen Meer. Die Sardine machte sich davon, immer in der Angst, gesehen zu werden. Auf dem silbernen Spiegel ihrer Haut wurde die Szene vom Festmahl der Thunfische kleiner und kleiner. Was für Bilder schon in diesem Spiegel zu sehen waren! All die Szenen, in denen sich die Sardine unsichtbar gemacht und sich die Farben der Umgebung deckungsgleich in ihre Haut geprägt hatten. Während sie mit aller Kraft davonschwamm, erinnerte sie sich an die Gemälde, die sie auf ihren Schuppen festgehalten hatte: die spielenden Delfine, den Rumpf großer Schiffe, die Felsen ferner Inseln, seltsame Meeresschildkröten. So viele Geheimnisse trug sie in sich. Aber was würde aus diesen Geschichten werden? Sie war nur eine einsame, verletzliche Sardine, dazu verdammt, sich im Magensaft eines Thunfischs aufzulösen. Ein winziges Stück in der Nahrungskette, ein Happen für all die Räuber, die ihr über den Weg liefen. Wie ließe sich verhindern, dass sich all die Erzählungen, von denen sie erfüllt war, nicht im Strudel der Meereszyklen auflösten?

Im Sommer des Jahres 79 brach der Vesuv aus und bedeckte die römischen Städte Pompeji und Herculaneum mit Lava. Plinius der Ältere, nunmehr im Ruhestand, lebte dort in der Nähe, fern seiner Heimat Gallia Narbonensis. Fasziniert von diesem außergewöhnlichen Naturereignis, wollte er es von nahem beobachten. Also rannte er in die Richtung, aus der alle flohen, und stach in der Bucht von Neapel mit einem Stapel Schreibtafeln in See, um den Vulkanausbruch in allen Einzelheiten zu beschreiben. Die Asche verdunkelte den Tag, die Bimssteine fielen wie Hagel; furchtlos schrieb Plinius die Ereignisse in allen Einzelheiten nieder. Doch als er der Gefahr zu nahe kam, schon im Begriff war umzukehren, erinnerte er sich daran, dass ein Freund von ihm damals am Hang des Vulkans wohnte und nur übers Meer fliehen konnte. Nun wurde sein wissenschaftlicher Ausflug zur Rettungsmission – die leider schlecht ausging. In letzter Minute rettete Plinius seine Freunde vor dem Vulkan, ohne von den giftigen Gasen zu wissen, die bei dem Ausbruch freigesetzt wurden. Sie brachten ihm den Tod. Seine Geschichten dagegen überlebten, darunter auch seine letzte Beschreibung des Vulkans, die wir noch heute nachlesen können; die Rauchwolke, hieß es, sah aus wie eine Pinie. In den siebenunddreißig Büchern seiner «Naturalis historia» blieben alle Erzählungen, die er in sich trug, erhalten, niedergeschrieben, eingeprägt, geteilt, so dass wir sie fast zweitausend Jahre später noch hören können. Plinius war ein Mensch, seine Schriften konnten den Vulkanen und der Zeit widerstehen. Aber wie steht es um eine Sardine? Was bleibt von ihren Geschichten?

Die Sardine schwamm so lange, bis sie ihr Bewusstsein für die Zeit verlor. Sie sah nicht, dass das Wasser um sie herum die Farbe wechselte, dass ihre Schuppen nicht mehr das azurne Meer reflektierten, sondern die grünen Wiesen und die ockerfarbenen Felsen. Sie war am Ende ihrer Kräfte und begann zu taumeln. Verwirrende Wellen trieben sie auf ein Element zu, das neu für sie war: zur Erde. Sie bemerkte kaum, dass ein Netz sie aus dem Wasser gehoben hatte und sie jetzt in einem mit Seesternen verzierten Plastikeimer schwamm. Da sah sie neuartige Augen, Kinderaugen. Und als sie nach ihrer wundersamen Rettung wieder hinausschwamm, der Freiheit und den Gefahren des Meeres entgegen, beschloss sie, dem Kind seine Geschichten zu übermitteln und es zu sich hinauszulocken.

Wie für die Sardine ist es auch für mich Zeit weiterzuziehen. Es bleiben noch so viele Horizonte zu überschreiten, neue Fische zu sehen, Geheimnisse zu betrachten und zu begreifen. So viele Arten zu schützen, so viele Herausforderungen zu bestehen, um meinen Platz im Gleichgewicht des Meeres und des Lebens zu finden. Vor allem gibt es noch so viele Dinge zu lernen und zu entdecken in den Geschichten, die uns die Meeresbewohner flüstern. Vielleicht begegnen wir uns ja eines Tages wieder. Und dann erzähle ich sie Ihnen.

Vielleicht treffen Sie ja auch selbst einmal auf eine Sardine oder einen Wal, einen Ruderfußkrebs im Plankton oder eine Möwe, die Sie auf eine Reise voller Geschichten mitnimmt. Und vielleicht erzählen Sie sie dann mir.

Bis dahin können wir uns in diesen Geschichten wiegen und uns von ihnen dazu anregen lassen, andere Geschichten zu erfinden und zu teilen. Denn die Welt der Worte ist wie die Welt des Meeres: ein Raum der Freiheit. Und der muss sie auch bleiben. Wer die Worte zügeln will, dem Ausdruck und der Rede Regeln auferlegen, ist wie die Menschen, die im Meer Barrieren bauen wollen.

Der Ozean gehört allen und keinem. Wie die Fantasie. Also singen wir in Freiheit unsere Geschichten, jede und jeder auf ihre und seine Weise, ob wir nun der einsame Wal sind, der seine eigene Sprache spricht, oder eine Sardelle im aufeinander abgestimmten riesigen Schwarm, der erfindungsreiche Krake, der anhängliche Schiffshalter oder der diskrete Hummer.

Ich hoffe, dass diese unterseeischen Träumereien auch in Ihnen Träume und Ideen geweckt haben, die Sie gern mit Ihren Freunden teilen möchten, und vielleicht haben Sie sogar einen neuen Blick auf das eine oder andere Lebewesen bekommen, das Sie zuvor gar nicht bemerkt haben – und Lust, ihm zu lauschen, es kennenzulernen und zu seinem Schutz beizutragen.

Ich hoffe, dass dieses Buch Sie zu neuen, zugleich nahen und fernen Horizonten geführt hat und Sie es in Erinnerung behalten werden wie eine am Strand gefundene Muschel. Und dass Sie sich diese Muschel von Zeit zu Zeit ans Ohr halten. Man hat mir erzählt, dass man darin das Meer hören kann.

Epilog

Meine Güte, ist das schwer, ein Buch zu schreiben! Und dann noch bei dieser Hitze! Die Finger tippen auf die Tastatur wie auf ein gedämpftes Klavier. Ich lösche, schreibe neu, und ausgerechnet, wenn mir ein Einfall kommt, stürzt der Computer ab. Draußen spielen Musiker Trompete. Immer dieselbe Melodie, jeden Abend seit drei Wochen. Mit ihnen im Rhythmus tippen? Leider nein. Auf Papier geht es leichter... aber streichen muss ich trotzdem. Die durchgestrichenen Wörter füllen die Seite, die Aspirinschachtel neigt sich dem Ende. Eine Seite, auf der alles durchgestrichen ist, macht mir weniger Angst als ein leeres Blatt, aber nicht viel weniger.

Geschichten müssen lebendig sein, sie müssen mit großen Gesten erzählt werden, vor Freunden mit ihren Fragen und erstaunten Blicken. Es ist schwierig, sie niederzuschreiben, weil man sie dann festlegen muss. Man erstellt ein Porträt von ihnen und reduziert sie auf eine Dimension, einen Blickwinkel. Dabei sind die Geschichten des Meeres viel unbändiger und wilder – vermutlich hat deshalb noch nie eine Sardine ein Buch geschrieben.

Ich habe mich oft gefragt, was die Sardine von dem, was ich da gerade aufs Papier brachte, halten würde. Ich hatte Angst, mich von der Welt, die ich beschrieb, zu entfernen, indem ich sie am Schreibtisch, in der Stadt, vor dem Bildschirm festzurrte. Während ich sie auf ein paar schwarze Buchstaben vor weißem Hintergrund reduzierte, bekam ich Angst, mich von den Geschichten zu entfernen und den Faden zu verlieren. Bis ich wegen dieser Angst nicht mehr weiterschreiben konnte. Ich musste die Geschichten noch einmal selbst erleben, ihnen noch einmal lauschen. Ich brauchte die Bestätigung, dass ich mich nicht von ihnen entfernt hatte.

Da brummte es auf dem Tisch. Mein Telefon vibrierte, eine Nachricht war gekommen. Das beste Mittel, um mich abzulenken. Ich öffnete die Nachricht, die per Instagram ankam. Ein Freund teilte mir ein außergewöhnliches Ereignis mit: In Paris waren Maifische gesichtet worden.

Für mich war der Maifisch eine bloße Legende. Als kleiner Junge hatte ich gehört, dass diese riesige Sardine früher genau wie die Lachse alle Ströme in Frankreich vom Meer hinaufzog, um sich in den Flüssen zu vermehren. Die letzten Maifische waren 1920 die Seine hinaufgekommen. Seitdem war der Fisch, und mit ihm tausend gastronomische und volkstümliche Traditionen, aufgrund

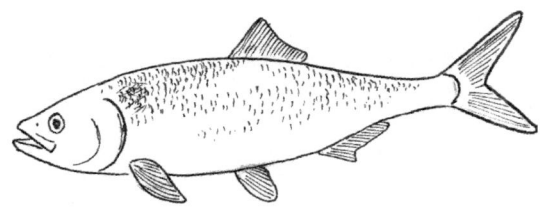

Ein Maifisch

von Flussbarrieren und Umweltverschmutzung verschwunden. Doch da sich die Wasserqualität allmählich wieder verbessert, kehren auch die Maifische tastend zurück; zumindest kursierte das Gerücht im Internet. Ich durfte ihre Rückkehr auf keinen Fall verpassen. Also antwortete ich: «Morgen Abend am Ufer.»

An diesem Abend im Frühsommer spiegelte die Seine den Himmel durch einen dünnen Schleier aus Insekten. Die Strömungen wirbelten arabesk an der Oberfläche. Alles kam ganz plötzlich: Jäh zuckten zwischen den Strudeln silberne Blitze auf, große halbmondförmige Schwänze schlugen aufs Wasser, lange bläuliche Rücken stiegen auf. Dutzende, Hunderte von Maifischen. Sie schwammen gegen die Strömung, angetrieben von ihrem eigenen Instinkt, der ihnen eingab, sich in diesem Fluss zu vermehren. Diese Riesensardinen hatten eine lange Reise hinter sich, aus dem fernen Atlantik kommend passierten sie nun Paris. Sie kehrten aus den Tiefen einer Zeit zurück, von der unsere Ahnen nichts wussten. Fast hundert Jahre lang im Schatten der Tiefsee verschwunden, waren sie an diesem Abend zum ersten Mal wieder da, als wäre nichts gewesen. Mit dem ganzen Übermut und der naiven Selbstherrlichkeit der Natur sprangen sie tosend durch die Seine.

Nachdem ich einige Erkundigungen bei verschiedenen Verbänden eingeholt hatte, wurde mir die Aufgabe angetragen, einen Maifisch zu fangen, um ihm eine Schuppe abzunehmen, mit der sich seine Geschichte zurückverfolgen ließe. Gesagt, getan. Als ich ihn schließlich in Händen hielt, war ich sehr bewegt. Lange betrachtete ich die goldene Maske und den indigoblauen Widerschein des Maifischs, ehe ich ihn wieder ins Wasser ließ und ihm nachsah. In seinen glänzenden Farben hatten sich so viele ferne Länder gespiegelt, sein Blick war so voller ozeanischer Erinnerungen. Mit festem Schwanzschlag schwamm er davon, weiter in Richtung Quelle.

Am nächsten Tag kehrte ich gefasst an den Schreibtisch zurück. Nie hätte ich gedacht, dass mich einmal eine Sardine besuchen kommen würde, mitten in der großen Stadt, mich ganz persönlich, um mir ihre Geschichten ins Ohr zu flüstern.

Literaturhinweise
zu diesem Buch
finden Sie unter
www.chbeck.de/Eloquenz-der-Sardine.

Tierleben bei C.H.Beck

Adele Brand
Füchse
Unsere wilden Nachbarn
Aus dem Englischen von Beate Schäfer
2020. 208 Seiten mit 28 Abbildungen. Gebunden

Helen Macdonald
Falke
Biographie eines Räubers
Aus dem Englischen von Frank Sievers
2. Auflage. 2017. 240 Seiten mit 71 Abbildungen. Gebunden

Carl Safina
Die Intelligenz der Tiere
Wie Tiere fühlen und denken
Aus dem Englischen von Sigrid Schmid und Gabriele Würdinger
2. Auflage. 2017. 526 Seiten mit 23 Abbildungen und 4 Karten.
Gebunden

Walter A. Sontag
Das wilde Leben der Vögel
Von Nachtschwärmern, Kuckuckskindern und
leidenschaftlichen Sängern
2020. 240 Seiten mit 45 Farbabbildungen und
2 Schwarz-Weiß-Abbildungen. Gebunden

Verlag C.H.Beck München

Literatur bei C.H.Beck

François Garde
Das Lachen der Wale
Eine ozeanische Reise
Aus dem Französischen von Thomas Schultz
2016. 231 Seiten. Gebunden

Rudyard Kipling
Wie der Leopard zu seinen Flecken kam
Tierfabeln oder Genauso-Geschichten
Mit einem Nachwort von Hans-Dieter Gelfert.
Aus dem Englischen von Sebastian Harms
2015. 176 Seiten mit Illustrationen vom Autor. Klappenbroschur

Norbert Scheuer
Die Sprache der Vögel
Roman
2. Auflage. 2015. 238 Seiten mit 24 Abbildungen. Gebunden

Norbert Scheuer
Winterbienen
Roman
Mit Illustrationen von Erasmus Scheuer
8. Auflage. 2019. 319 Seiten mit 13 Zeichnungen. Gebunden

Verlag C.H.Beck München